精进自己，成为一个厉害的人

杜歌 著

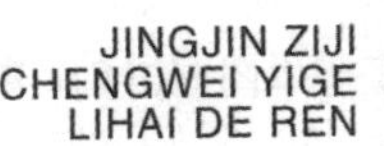

文匯出版社

图书在版编目 (CIP) 数据

精进自己，成为一个厉害的人 / 杜歌著. — 上海 : 文汇出版社，2016.9
ISBN 978-7-5496-1856-9

Ⅰ. ①精… Ⅱ. ①杜… Ⅲ. ①成功心理 - 通俗读物
Ⅳ. ① B848.4-49

中国版本图书馆 CIP 数据核字 (2016) 第 212466 号

精进自己，成为一个厉害的人

著　　者 / 杜　歌
责任编辑 / 戴　铮
装帧设计 / 天之赋设计室

出版发行 / **文匯**出版社
上海市威海路 755 号
（邮政编码：200041）
经　　销 / 全国新华书店
印　　制 / 河北浩润印刷有限公司
版　　次 / 2016 年 10 月第 1 版
印　　次 / 2022 年 7 月第 4 次印刷
开　　本 / 710×1000　1/16
字　　数 / 162 千字
印　　张 / 15

书　　号 / ISBN 978-7-5496-1856-9
定　　价 / 45.00 元

前　言

有一天，一位娇弱的女子找到我，她神情颓唐，她说：我为什么做什么都不顺利？不论从事什么工作都做不长久？不是对方辞退我，就是我觉得对方的门槛太低，不是我的理想，我该怎么办？

也曾有一位刚刚参加工作的大学毕业生对我说：我兢兢业业地工作，可是上层经理对我依然不满意，总是挑剔我的毛病，我真想炒了公司的鱿鱼，可是如果我辞职，也许再也没有福利待遇这么好的公司肯接纳我了！

当然，也有工作多年的人对我说：我虽然有车有房，可是看到旧日的同学买了别墅，我也想给自己的家人创造更好的条件，可是，我能力有限，怎么办？

……

听了这些抱怨，这些无奈的叹息，我觉得时下人们的思想有问题，而解决这些问题的唯一办法，就是让自己成为一个不可替代的人，成为一个精进人士，成为一个狠角色。

只有成为精进人士,你的人生才会彻底改观，你的人生才会顺风顺水。如果你不是精进人士，你一直是都被挑选的角色，你的人生永远都是被动的。

这部《精进自己，成为一个厉害的人》，就是专门为郁郁不得志的你准备的。

这部《精进自己，成为一个厉害的人》，是一部改变你的思维方式和行为准则的枕边书。

愿这部《精进自己，成为一个厉害的人》，能够帮你完成你的梦想，伴随你走过人生中的黑暗和严冬，重新树立你的信心，帮你找到生命中的黎明。

目　录
Contents

目 录

Contents

目　录

Contents

目　录

Contents

第一章

那些低到尘埃的日子，是生活最有力的反弹

1 你不是迷茫，只是自制力不强

有一天夜里，我去拜访楼下的邻居，该邻居家有一个女儿在读初三，刚刚买了一本书让我看。

邻居说："你看现在的人多会赚钱，书里面都是空白页，还卖五十多元。"原来，这个邻居家的女儿所在的学校，最近请了一位成功人士来学校演讲，顺便推销了自己的一本书。

我翻了翻这本书，的确，这本书除了开头有几页印着字，后面的部分几乎都是空白页，和我们平时用的日记本差不多。

在这本书每一张空白页上面，都印有"__月__日，星期__"的字样，中间印着"今日总结"四个字，下面又是一段空白。

就这样也称之为书，确实太忽悠读者了。

可是邻居的女儿却说："这是成功人士教育我们如何成功的书，说只要按照书上所说的去做，不管你现在成绩如何，都能成功考入好的大学。"

她这么一说，我就仔细看了看这本书的前言，不得不佩服作者的精明。

的确，如果按照作者说的去做，每天写下自己的学习计划，临睡前再进行总结，坚持下去便会有所进步。

这样的书，即使 4/5 都是空白页，即使售价再贵些，如果时刻鞭策自己按照书中要求的去做，理所当然能取得进步，那么这本书自然是物超所值。

临走前，我鼓励那位邻居的女儿一定要按照书中要求的去做，并预祝她考上重点高中。

后来我每次去邻居家玩，都会看看这个女孩的“学习计划书”。

最初几页，她写得很认真很详细，今天完成了什么计划，晚上总结一下，如果表现得不错，就给自己加油。

可是后来我再去邻居家时，就见女孩的“计划书”中逐渐呈现了空白。她的母亲说，坚持了半个月就不写了。

半年后，这个女孩没有考入重点高中。

而我所知道的另一个女孩，和这个女孩在同一个班，两个人经常一起去上学，学习成绩不相上下。那个女孩一直按照书中要求的去做，而且写完一本计划书后，又让父亲给自己买了一本——每天坚持记日记，记自己的计划和学习安排。

现在，这个女孩已经考入了重点高中，据说成绩一直不错，在全年级的排名也是名列前茅。

由这件事我想到了自制力，很多人在面对这个问题时都很无奈。这个世界上，你拼不过人家有一个好爹，拼不过人家有钱，拼不过人家聪明，如果你再拼不过人家的自制力，你还有什么资格说，这是命运的安排？

比你聪明的人比你还勤奋，比你有钱的富二代比你还在辛苦打拼，你为什么就不能拼一拼？

成功，肯定属于笑到最后的那个人。

人活在世界上，有太多东西是我们不能操控的，唯有自制力，是我们自身能够控制的。

懒惰其实是人的本性，只有能够克服懒惰的人，才能够成功。

在别人苦练英语的时候，你在刷着微信朋友圈；在别人为攻下一门证书而挑灯夜读自学的时候，你却在和朋友聚会、K歌；在别人为了家人的幸福去辛苦兼职的时候，你却在百无聊赖地说着“迷茫”……

你下了很多次决定，立了很多次志，可是却只坚持了几天就不再坚持了，轻易就被自己的惰性打败了——这难道不是在浪费生命吗？

不要把所有的问题都归结于迷茫，说白了，你就是自制力不强。

2 是什么支撑你天不亮就去工作

我有一个朋友，上高中的时候一直浑浑噩噩，后来考上了一所专科学校。那学校的环境很破旧，教室也不够明亮，所有这一切，和他自己想象的大学生活完全不一样。

他很失望，就抱着破罐子破摔的心情，来应付自己的大学生活。

每天玩游戏，还经常和几个驴友出去旅游，自诩很潇洒。

一个学期结束后，老师看他考试挂科了，把他叫到了办公室，对他说："我知道你心里不乐意待在这样一个学校，但你已经长大了，我说几句话请你记住：在小地方如果你还不能拿第一，你有什么出息去大城市打拼？在这个三流学校你还这么失败，你以后怎么竞争得过清华、北大的学生？"

他恍然间醒悟了过来，从此以后每天天不亮就开始学习，晚上也睡得很晚，平时不爱学的科目，也积极主动地提问。逐渐地，他的学习赶了上去，大三的时候，还拿了奖学金。

他时刻记着老师的话：在一个小城市你还这么失败，到了大城市你怎么竞争得过人家？于是，他力争在这个小城市里事事做到第一。

从大三开始，每个学期班里的奖学金非他莫属。

临近毕业的时候，企业来招聘职员，有好几家企业都对他比较满意，并且邀请他去工作。最终，他选择了上海的一家企业，虽然这个公司给他的职位比起其他企业来说并不高，可是他想试一试，看自己能不能在大城市里立足。

到了上海的这家公司，他才发现自己的不足。虽然，自己在三流学校能拿奖学金，可是在这个公司，即使一个前台工作人员毕业的大学，都比他的学校听起来响亮。

他只能更加刻苦，除了干好自己的工作，还报了一个业余德语培训班。因为他所在的公司和德国的公司有贸易往来，他想，学了总会有用的。

于是，每天天不亮他就开始学习，因为与他合租房的还有一对小情侣，一个开淘宝店的，晚上很是热闹。到了星期天，他不得不去图书馆学习。

图书馆需要保持安静，不让出声，他就戴着耳机，一遍遍听发音。只有在回去的路上，他才会大声地背诵德语，以至于别人以为他精神不正常。

他并不在意，就这样一边工作一边学习德语，终于在公司一次外派工作的考试中，他应聘成功，去了德国的分部工作。

看着外人羡慕的眼光，他只是告诉自己：这不是结束，一切还得从头开始。

金利来公司董事长曾宪梓的童年过得非常艰苦，他的父亲早逝，他的母亲为了养活几个儿女不得不干男人干的累活，挑石灰、挑盐……吃饭，他只能喝稀饭。冬天，他没有保暖的衣服穿。十七岁他才上初中，最后，他依靠助学金上完了中学和大学。

当时，由于母亲经常赤脚下田，双脚生了冻疮，裂开了口子露出了红肉，下田的时候就会钻心的疼。如果用胶布贴在伤口上，下田时一沾水也就掉了，而且母亲也舍不得总花钱买胶布。

为了处理这些伤口，母亲就用线来缝合它，每缝一针，鲜血直流。曾宪梓看得心里难受，母亲总是说：“忍一忍就会过去了，不然这些口子就更大了。”

这一幕永远印刻在曾宪梓的心里。

他大学毕业后到了香港，包括妻子儿女，拖着一家六口人生活，日子过得很是艰难。

每当他感到疲惫，觉得心绪不佳不想继续工作的时候，就会想起母亲的双脚，心想："母亲连那样的苦痛都挺过来了，我还有什么不能忍的？"于是，他又继续坚持了下去。

不久，曾宪梓从香港到泰国发展，不顺后又从泰国回到香港，每一步都走得很艰辛。为了生活，他还给人带过孩子，后来他感到领带这个市场空缺很大，而且制作领带需要的原材料也不多，自己本来就本小、业小，也只能做一些小生意，于是他开始制作领带。

自己裁剪自己卖，母亲帮他绑领带，从早晨六点起床就开始干活，半夜两点才睡，一天要缝制六十条领带赚五十元钱才能养活一家人。

正是因为在艰苦岁月里的熬煎，曾宪梓至今依然保持着简朴的生活作风，吃的饭菜很简单，从来不去夜总会消遣，也不涉赌。他说自己这一生最感谢的就是母亲，是母亲的艰辛成就了他的金利来品牌，他的努力来自于母亲给的动力。

是什么支撑你天不亮就去工作，想来每个人都有自己的动力所在。"梅花香自苦寒来，宝剑锋从磨砺出"——要成功，就得吃苦，这是颠扑不破的真理。

3 在给自己一个交代之前，请继续努力下去

如果你努力了很久，依然没有看到希望，那么，请你继续努力下去。

这句话，不是名人说的，也不是心灵鸡汤，而是来自于一个朋友的亲身经历。

朋友是一所学校的美术教师，那时妻子下岗，孩子出世，当教师的他，负担着一家三口的花销，身上的担子很重。

在当时，美术课也不算考学重点，很多家长会在节日的时候带着礼物去看语文、数学、英语老师，可是没有家长来看望他。

后来，他看到某一处住宅区有栋废弃的两层楼，就想，何不办一个美术班，一来发挥自己的特长，二来也能补贴家用。

于是，他的彤彤美术班就诞生了。可是在一个月里没有一个人来报名，尽管有些家长偶尔来打探一下，可是听到他只是一名普通的美术教师，而不是教授之类的时候，就没有了后话。

没有办法，租金也交了，不能退。还好，这栋楼的外面是一个繁华的闹市区，他索性支起画架，在门口给行人画起画来。

慢慢地，很多人都知道有一个画家在门口画画，而且给人画了肖像不要钱。渐渐地，每当他支起画架，就有一些人上前观看——

他画的人物惟妙惟肖。

暑假的时候，一个在附近做生意的老板领着孩子到他这里，说："让孩子跟着你画画吧，暑假在家里也是疯玩。"

后来，又有几个家长领来了孩子。他终于把美术培训机构办了起来，虽然只有十几个学生，可是他十分重视。每到周日，他看着讲台下那十几双眼睛，就觉得还是有人欣赏自己的才华的。

他拍下自己学生的作品，寄到报社，希望报社能刊发出来。可是一位学生家长以为他收取了稿费，向他要钱。他说，刊登作品的邮寄费都是他自己出的，报社没有给钱。

家长一生气，就联合另外几个学生家长一起推掉了他的美术辅导课。

生活总是一波三折，他只好关闭了美术班。看着妻子日渐憔悴的容颜，他想尽办法让自己的日子要宽裕一些。

他利用节假日去朋友的古建公司，给一些仿古建筑画美术作品。不管是寒冬腊月，还是夏日伏天，他总是站在椅子上，拿着画笔在那些亭子楼阁上描绘着图案。

画画的日子是很苦的，可是换来了回报。

其他建筑公司看到他画的古代仕女图流光溢彩，栩栩如生，纷纷出高价让他去画。可是他是个老师，时间并不宽裕。

当时，他每月只有三千多的工资，妻子又没工作，勉强养活着一家人，可画仕女图，一天就能挣三百元钱。不过，妻子劝他不要扔了铁饭碗，说在外面打工不是长久之计。

他只好推掉了很多生意，周六日的活儿又太少，而且朋友们也希望他不要干几天就走——画了一半就中途离开，画会受到风雨的侵袭而变形，第二次着色就会失去原型。

无奈，他只好放弃了这个工作。

终于有一天，他去了一家设计工作室打工，利用自己的美术功底，给一些出版社、图书公司设计封面。

有了点人脉后，他自己开了一家设计工作室，接一些绘本和动画片美术制作等。他设计的一套儿童故事书和连环画，在当年的童书市场卖得火爆，因此大赚了一笔……

他曾失败了很多次，看不到光明和前途，终于在一个地方找准了自己的位置，不断努力之后，成就了今天的自己。

据说在斗牛场上，挑选公牛的时候，事先都要把小公牛带进场地，让斗牛士拿着长矛对公牛进行挑衅，裁判根据它受激后的攻击次数来判定它的勇敢程度——能够在一次次挑战中迎难而上、不气馁的公牛，就会成为首选。

其实，我们每个人在自己的人生旅途中，也是在进行着种种挑战！

一次失败了，不能倒下；两次失败了，也不能倒下……在一次次失败中，和挑战我们的生存环境做斗争，不是你打败它，就是被它打败——只有继续努力，继续迎接挑战，才有可能成功。

4 无论多么不可救药的人生，也要“抢救”一下

我有一个表妹，长得娇小美丽，从小受到父母的娇惯，什么活也不让她干，捧在手里怕碰着了，含在嘴里怕化了，娇惯得不得了。

后来，表妹考上了市里的重点高中。

军训的时候，母亲担心女儿的身体受不了，去和老师说情。老师瞥了她母亲一眼说：“你还想不想让丫头考大学？考大学，体育课不达标要扣分的。”

母亲只好讪讪地回了家。表妹没办法，这时候也不得不跟着同学一起军训。每天早晨五点起床，参加晨跑，跑五千米，跑不动就在操场上罚站，还被点名批评。

表妹是个要面子的女孩子，有一次累得几乎昏厥，可是她依然没有放弃，只是在跑到终点时还是晕过去了。就这样，她咬牙坚持了下来，一天没有放弃。

她这样娇弱的体质，在三年后的体育达标考试中，竟然拿了满分。

更不可思议的是，经过高中三年的锻炼，她四肢匀称健美，性格也变得活泼开朗了。而且，本来体质很差的她，很少打针吃药了，走起路来脚步有力，爬十层楼都不气喘。

我常想，就连表妹这样柔弱的体质，考大学时体育都能拿满分，也变成了青春活泼的阳光女孩，那么足以说明：努力坚持是多么重要！

又想到了另一个朋友的故事。

娄鹏当年攻读于化学系，毕业后分在了省内一家国企上班，虽然工资一般般，可是旱涝保收，工作也不是很累。

可是有一年，娄鹏在工作时摔断了腿，虽然后来经过治疗好了，可是落下了残疾，走路有点跛。更加难以预料的是，十年后，这家曾经红火的国企破产倒闭了。

娄鹏忽然觉得生活没了着落，以前自己是干技术的，现在很多下岗人员都去做生意了，自己又不是做生意的料，怎么办？

妻子说："我去卖盒饭，你在家里给我做饭。"妻子知道他要面子，让他在家里帮忙，自己出去卖盒饭。

娄鹏勉强答应了，一天天在家里蒸米饭、做菜，可他的心思全没在这上面。他订阅了一些有关设计程序的周报和书籍，他知道现在是网络时代，电脑软件将会成为热门技术。

不忙的时候，娄鹏就在家看书，他认为书上有用的地方，就用笔圈起来。虽然他读大学时学过电脑软件编程，可是现在的科技日新月异，在大学学的那点知识早就跟不上时代了。

他在妻子的抱怨声里学了三年，有时候把饭煮糊了，妻子又是一顿埋怨。

直到有一天，娄鹏设计了一套编程，却不知道卖给谁去，只好通过中介卖掉，最后他得到了三万元。他终于觉得自己的学习有了价值，原来，知识真的能够变成钱。

挣了钱，妻子也不再对他大呼小叫让他洗菜做饭了。

他继续在软件编程领域搞研究。

有一天，一个老板踏进了娄鹏的家门，看到他家里简陋的陈设，看到他残疾的一条腿，惊讶地说："没想到你的生活条件这么差，可是你研究的领域这么高端。"

娄鹏无奈地笑笑。

在老板的提议下，娄鹏去了他的公司上班。等他稳定下来后，把妻子也接了过去，妻子终于不再埋怨他了。他对自己能走到今天的地步也很吃惊，他说："本来我只是想争点气挣点钱，没想到，一努力，生活就变成了另一副模样。"

是啊，我们的人生就是这样，不管走到何等艰难的地步，努力一下就会峰回路转——无论遇到多么不可思议的难关，我们也不能放弃；无论多么不可救药的人生，我们也要"抢救"一下。

5 无论成功或失败，别对自己说"不可能"

有一天，在一家咖啡厅里，我遇到了旧日的同事霍风云。

霍风云，身材瘦削，以前她不善言谈，和人说话总是低眉顺眼。

可是今日遇见，她热情开朗，举手投足之间别有一番自信和从容。

我发现，霍风云已经不是以前那个羞赧、拘谨的女孩了，她真的变了。

霍风云的经历并不复杂。她刚来单位的时候没有什么工作经验，老板也不怎么重视她，她写的策划方案没有什么创意，虽然她很努力，可是并不出色。

霍风云总是兢兢业业地学习别人的策划方案，虚心请教。老板却总是对她不满，经常对她发火，把她写的方案扔到地上，批评道："来了这么久，什么也不会，简直是白领工资的！"

每一次遇到这种情况，她都是默默地把自己写的策划方案从地上捡起来，强忍着泪水，向老板道歉，并且唯唯诺诺地说："下次一定做一个好一点的创意。"

那时候，我来这家公司三年了，有点经验，实在看不下去就偶尔指点一下她。霍风云感激涕零，经常嘴巴甜甜地叫我"姐姐"。

一天，老板又一次对霍风云发了火。

我认为，这事要是放在别人头上，估计早就引咎辞职了。可是霍风云很能隐忍，她依然像个受气包一样，把自己的方案改了一遍又一遍，然后再交给老板。

时光荏苒，和霍风云同时来的一名同事因为受不了老板的指责，辞职不干了。老板索性让霍风云接替了那个同事的工作，但没有给她涨一分钱工资。

我们作为同事，很是为她不公。可是她却没有抱怨过，而是每次都干得很开心。

这样，在这个公司里，她既做策划，又给策划写具体的文案，润色广告用语，好多事情都落到了她的头上。她任劳任怨，有时候下了班，还看见她在办公室里默默地写着什么。

半年后，霍风云已经成为公司里不可或缺的笔杆子、著名策划人，她的工资只是比刚来的时候涨了一点点——我们都知道，这与她的付出是不成正比的。可是，她又坚持干了两年。

两年后，霍风云辞职了，她去应聘另一家更大的传媒公司。尽管竞争者很多，可是她却在众多竞争者中脱颖而出——在不到半个小时里，她写了三份不同的策划方案。

这种能力，还真不是写普通文案的人能具备的。

那天，我在咖啡厅遇到了霍风云，得知她的工资已经达到了五位数。我很感慨，想当年，她只有三千元的月薪，两年后就已经有了这么大的突破，这种能力，确实不是一般人所具备的。

临走，霍风云对我说："姐，你知道吗？在以前那个公司的时候，好多次我也哭，我也想走，可是，我亲眼看到了另一个离开的同事的境遇：她去应聘另一家公司，结果待遇和我差不多，老板同样苛刻，同样给她难堪，她一次次跳槽，直到今天还在领着三四千元的薪水。

"可是，我在最苦的地方熬过来了。我坚信，只有在最苦的地方能够坚持住，才能够学到知识。不论成功还是失败，我都坚持一个信念，永远不对自己说'不可能'。"

和霍风云分开，我思绪万千。

是的，在我们的生命中，有太多的不平、不忿、不甘。在境遇不好的时候，我们试图跳出这个深坑，我们逃避责任，最后不得不陷入一个又一个怪圈——就好像《围城》里说的，我们从一个围城陷入了另一个围城。

如果我们能够在一个围城里好好经营自己的人生，努力提升自己，到了另一个围城的时候，起码，那个围城的层次会高一点；起码，你的能力改变了，你不再觉得难堪。

有人说，越是身处底层的人，越是容易陷害、倾轧、怀疑别人；越是进入高层次，越是心态平和——和层次高的人相处，心灵平静，尔虞我诈也会少一些。

也许这是真的。我们只有不停地跨越自己的局限，走进更高更好的圈子，生命才会焕发出不一样的精彩。

当你的人生处于低潮或遭遇失意时，请坚持一个信念，别对自己说“不可能”。

6 再过五年，你会感谢今天发狠的自己

上大学时，我有个同学小孟，平时和她交往不多，只是普通朋友关系，毕业后我们的来往却频繁起来。

有一年，我主持一家报社的“读者来信”栏目，她很想把自己的经历告诉年轻朋友，于是，我刊登了她的来信。

她在信里讲述了自己在北京奋斗的经历，她说：

毕业后，男朋友曾想让我跟他回到武汉。他有家族产业，他希望我能够去帮助他的家族企业管理账目。

可是我的梦想是去北京，我向往北京更广阔的天地，我喜欢北京的繁华和国际化。如果我这一生没有在北京追过梦，没有在北京奋斗过，那么将是我生命中无法弥补的遗憾。

于是，我一毕业就去北京找工作了。男友对我的梦想不屑一顾，他认为，我迟早会回去的，他还说：“追梦的人那么多，你怎么知道你一定会赢？”

我却想着一定要实现自己的梦。

我租了地铁八通线终点——土桥的一个单间。每天我会买很多的报纸，看到适合自己的工作就用笔圈起来，然后一个一个打电话，一趟趟去面试；没有应聘上的，就在上面画一个叉。

每天看着报纸上一个个红色的叉，那种滋味真是难受极了。没有朋友帮助，没有亲人安慰，男朋友还总在拖我后腿，但我依然期望自己能够在北京站住脚。

终于，两个月后，我在国贸附近的一个科技网络公司找到了一份工作，每天钻进小格子间里忙碌着。因为我住的地方离单位太远，所以我又在国贸附近租了一个单间，这样每月的房租就一下从八百元翻了近一倍。

而我刚刚上班，月薪才三千元，还要缴纳水电费，还要吃饭，这点钱根本不够开销。为了活下去，我不得不兼职，晚上给一家文化公司做校对。校对费是千字两元五角，校对一本书也就两三百块钱，为了这几百元我很努力。

每个夜晚，别人都在玩游戏或者追电视剧看的时候，我却在租住屋里校对着密密麻麻的文字。我计算过，如果我一个月校对三本书，就会有一千多元的额外收入，这笔钱就可以支付我的房租。

我一直在告诉自己，决不能放弃，我一定要在北京扎下根。

以后的日子，每天晚上我都把自己的时间充分地利用起来。随着经验越来越娴熟，我由最初一个月只能校对三本书，变成了校对五六本。

我现在能够一目十行，迅速在这十行文字里找出错别字，一个字都不带马虎的。这种能力还真是铁杵磨成针的结果。

一个月的校对费累积起来有了几千元，这样再加上我的工资，我的生活状况逐渐好了起来。这个时候，男友却给我下了最后通牒，他说如果我不回到他的家乡，就此和我分手，他的家人希望他在本地找一个女朋友。

我思考了很久，说真的，我也很痛苦。最后，我告诉他，在最难的时候我都挺过来了，现在让我放弃梦想是不可能的。

就这样，我们分手了。

我依然住在出租房里，依然是国贸大厦里一名普通的上班族。我不会说什么豪言壮语，我只是想说，通过努力，我挺过来了。

在北京五年后，我由最初的普通职员成为了公司的总监，月薪涨了几倍。更加让我高兴的是，因为经常做校对工作，我结识了一些文艺圈的朋友，他们给了我很多的资源，现在我依然很忙。

除了做公司的工作，我还成为了一家报社的专栏作者，以及一个自媒体平台的顾问……现在，我的身边又有了追求者，不过，这都不算什么，我知道，再过五年我的生活会更好。

小孟的故事让我深思：年轻的时候我们都有梦想，可是，却因为这样那样的原因没有坚持，最终也没有实现。

如果小孟最初在北京因为受不了艰辛回到男友身边，也许她想在北京奋斗成功的梦就会永远无法实现。现在她不仅留在了北京，还做出了一番事业，她的成功让我感叹。

五年，不长也不短，只要我们肯珍惜这五年的光阴，为自己努力一次，五年后，你会感谢当年那个拼命发狠的自己。

7 那些艰难的日子，终会离你远去

想起了女友耿薇的故事。她谈过三次恋爱，都失败了。

耿薇当年是学校的校花，在大学的时候虽然谈过恋爱，可是毕业后因为工作原因分手了。工作后，身边也不乏追求者，可都不是她的理想对象。

耿薇需要的是一份既有物质又有精神追求的恋爱。也许是看多了《霸道总裁》这类小说，她希望得到霸道总裁般宠溺的爱。

耿薇在一个油田公司上班，最初，公司的一个小职员追求她，并承诺把自己的工资全额上交。对此，耿薇是感动的，可是这个小职员的月薪还没她高，这就满足不了她的需要。

耿薇依然在寻找。

接着，一位在电台做主持的男士进入了她的生活。这个男主持相貌英俊，唯一的问题是舍不得给耿薇钱花。耿薇对此很敏感，她并不是多么爱财，但经历过爱情的人，往往对人性更容易看透。

“如果一个男人不肯为你花钱，肯定是不爱你的。”耿薇用这个标准来考验男友是否对她真心。

她很失望，这个男主持的外表、风度，一切都符合她心目中的标准，可就是比较抠门，这让她很不喜欢。于是，这个主持人便不再为她所留恋。

接下来，又出现一位有钱的“70后”老板，没有婚史，有车有别墅，长得也不错。他对耿薇出手很大方，一顿饭就花掉了两千多，还时常花钱让耿薇去南方旅游。

他完全符合耿薇的预期标准，可是，这位霸道总裁却有一个坏脾气，他过于霸气外露了，脾气说来就来。为此，耿薇还得时常包容对方因生性多疑而爱发脾气的毛病。

终于有一天，霸道总裁因为耿薇约会迟到又一次发怒，甚至还毫不顾忌地表示有的是女人想对他投怀送抱，如果耿薇不乐意，自己马上就去找别的女人。

耿薇虽然觉得霸道总裁脾气不好，可是放手了也很可惜，以后自己不一定会找到这么符合条件的男子。于是，她一边隐忍，一边继续维持着关系。

直到有一天，霸道总裁又一次无故发怒，把耿薇骂得痛哭流涕，她知道他们该结束了。

经历了这三段感情，耿薇明白了，自己缺乏的不是爱，而是金钱带给自己的安全感——男人永远也给不了她安全感，没有爱的日子，应该改变的首先是自己。

于是，耿薇在以后的日子里，不再寻觅，她开始着手改变自己。

她从小就爱美，因为爱美她钻研过服装设计，虽然在大学里没有学过这个专业，可是她骨子里对服装十分热爱，于是就报考了一个培训服装设计的学校。

当她穿上自己设计的旗袍时，那种惬意的心情难以言喻。

她在工作之余开了一个旗袍手工作坊，通过自媒体上传自己的旗袍样式。她的设计得到了网友们的认可，她逐渐有了生意。

下班后，她在自己的小屋里给人设计图样，不论是盘扣、珠花还是钉珠，她都亲手缝制。她不仅是为了赚钱，更是为了一种心仪的美——她的努力只是为了让自己的心静下来。

她经常穿着自己设计的旗袍，在自媒体上宣传，而她的旗袍也越来越受人们的青睐。尽管网上有很多人要她给自己私人定制，可是她一个星期只肯做一件，一件旗袍永远是 2000 元。价格有点贵，可是货单还是源源不断。

她终于找到了一种安置灵魂的方式，那就是让自己不再那么浮躁，不再把幸福建立在爱情上面，而是建立在自己的事业上。

现在，一个月多挣出来的这些外快，足以让她为自己向往的生活方式买单。

那些艰难的日子，终于离她远去。

8 这个世界，并不会辜负你的努力

那天在街上我看见了岳姗，她的模样差点让我认不出来，我问她："怎么这么瘦了，是不是减肥了？"

岳姗羞赧地笑笑，说自己报了一个小语种的学习班，努力学了三个月，就累得瘦了十多斤。

和岳姗分别后，我一直思绪万千。

岳姗的家境不是很好，父亲下岗后，在街上卖爆米花；母亲在一个工厂上班，那厂子的效益也不太好，工资很低。因为家庭条件不允许，所以，她小时候没能像别的小孩一样去上幼儿园，看着别人高高兴兴去幼儿园，她羡慕不已。

她还有一个弟弟，从小她得照看弟弟。

从小学开始，她的理想就是考上北大。她曾经对我说："上中学后，我每天早晨五点起床，晚上十点下自习，这是我的全部生活。我的脑海里除了学习，没有任何的东西。当时班里有很多同学谈恋爱，可是，我对此没有过一点点念头，我没有心情和精力应对爱情的纷扰，我的时间太有限了。”

岳姗曾在作文里写道：“我是一个小县城的女孩，考到北京多难啊！北京的人大附中，有这样一句话：‘平时不努力，长大去隔壁。’对于他们来说，随随便便就能上一所大学，可是我呢？我只能回老家，我只有比他们更努力才能挤上那座独木桥，我要是不努力就会被挤下去。所以，面对命运的挑战，只有主动出击，别无他法。”

生不逢时不是理由，农家院落里照样可以飞出彩凤凰。这个世界从来不会辜负勤劳的人，你的努力不会白白浪费，所以不要因为自己没有生在好的家庭环境中而自怨自艾。

有这样一个故事：一位老板问自己的下属：“你们知道，毛毛虫是如何去看河对岸的风景的吗？”

一个下属开玩笑说：“晕过去的。”

老板说：“这不是笑话。”

另一个下属觉得自己聪明，他说：“从桥上爬过去。”

老板说：“没有桥。”

还有一个下属说：“趴在一片叶子上过河去。”

老总说：“叶子被水冲走了。”

这个下属想了想，又说：“被鸟吃到肚子里，就过去了。”

老板笑笑说：“那样毛毛虫就死掉了，就失去了过桥的意义。”

那么，毛毛虫是怎么过去的呢？

老板最后说出了答案：“毛毛虫要想过河，只有一个办法，就是努力变成蝴蝶。不过，要想变成蝴蝶得经受很多痛苦：蜕皮，结成蛹，最后再破茧而出。

“毛毛虫在茧里面的时候，没有吃的没有喝的，暗无天日，可是它必须还要努力地挣扎、长大，一旦它停止了成长，停止了挣扎和努力，就很有可能永远都无法突破这黑暗了。而一旦突破眼前的困境，它就会变为美丽多姿的蝴蝶，便可以飞过河去看对岸的风景了。”

我们都要经过那么一段黑暗的、没有人帮扶的日子，可是很多人都会担心自己的努力白费，担心自己没有资源，没有人脉，即使努力也不一定有所作为。可是，如果你连张彩票都不肯买，又怎么有中奖的机会呢？买了彩票，有可能会浪费几块钱，但是努力总会有收获，甚至是成功。

我有个朋友，考了几次托福，都因为几分之差没有被外国的研究生院录取。可是，他现在靠着翻译一些外文资料，日子过得既自由又惬意。

我的另一个同学，喜欢写剧本，读大学的时候学的是编导，毕业后失业在家，写的剧本无人问津。可是在一次应聘中，他只用短短十分钟就写了一个微电影剧本，因此第一个就被录取了。

多年以后，他回过头来审视那一段写剧本但没人理睬的日子，觉得是那段日子锻炼出了自己写剧本的能力。如果没有那一段时间的努力，也就没有今天的自己。

所以，这个世界不会辜负每一个努力的人，包括你，包括我，包括我们所有的人。努力起来吧，这样我们才会遇到更加优秀的自己。

9 竭尽全力，上天会给你想要的一切

她是工农兵大学生，曾在农村插队三年。有一天她正在西瓜地里干活，北京外国语学院工宣队来招生，她抱着试一试的心态去了，结果被选中了。

上大学期间，她的年龄最大，基础知识最差。有一次因为回答不出老师的提问，她被罚站了一节课。第二天，教室里挂了一条横幅：不让一个阶级兄弟掉队。

她是个要面子的女人，自己偷偷跑到山上哭了一场。以后的日子里，勤奋成了她的座右铭。她问过老师和同学，学外语有什么捷径？得到的唯一答案就是：学外语没有捷径，就是“泡”出来的。

从此以后，她就让自己“泡”在了外语课本里。凌晨三四点钟，她就起床了，然后到校园一角大声背诵英文课本，她要求自己必须背熟，背不熟就一直在大树那里罚站。直到背熟了，才去吃早

餐，否则就挨饿。

起初，因为背不熟课本，她就一直在大树下面背。同学都被她的勤奋所感动，偷偷给她买了早餐，放在她的桌子上。她看见了，说声谢谢，然后留作午饭，不肯吃一口。

每周的《北京周报》英文版，总共有二十多页，她会一字不落地从头看到尾，遇到不懂的单词就查字典，整明白才罢休。《人民日报》上的重要文章，她会逐字逐句地试着翻译出来，再对照《北京周报》，看看差别在哪里。

放寒假了，宿舍里没有暖气，她和几个没有回家的同学天天钻在被窝里看英文小说，从早到晚，从不出门。那时候，学生在宿舍里就是看书、学习，不像现在似的，人人都泡在网络里。

说实话，英文小说看起来没什么意思，不认识的单词要查字典，不懂的句子要逐句进行翻译，远远不如看翻译后的小说省力。可是为了学好英文，她坚持看英文原版小说，看得多了，就体会到了里面的精妙。

直到现在，她还喜欢看英文原版小说。

大学四年就这样过来了，她成为了全年级最优秀的毕业生。毕业之后，她被分到了专业不对口的一个大使馆，成了一名接线生。她觉得有些委屈，遇到以前的老师就诉苦，说自己干这行简直是厨子做了司机。

老师笑笑说："即使这个工作不是你喜欢的，可是，你竭尽全力做好，上天必定给你想要的一切。"

她听着老师的话，有点醒悟。

于是，她努力地投入到工作中，她几乎记住了大使馆里所有人的名字，以及他们的电话号码和工作内容，成了一个精密的留言台、大秘书，成为大使馆最受欢迎的人。不忙的时候，她还看外文报纸、外文小说。

没多久，她就被破格调到了英文报《每日电讯》记者处当翻译，后来又担任过中国驻澳大利亚使馆参赞和新闻发言人、外交部翻译室副主任、巴布达大使和驻纳米比亚共和国特命全权大使。

在《每日电讯》报当翻译时，她面对的首席记者是一位脾气颇大的老太太。最初老太太不相信她能够胜任，因为上一个翻译就是被老人赶跑的。她去了后，老太太得意地对别人夸她：翻译得很准确、迅速。

她叫任小萍。一个农家女子，从黄土地走上外交领域，起步很晚，却做出了这样的成就，这就是竭尽全力的结果。如果我们不竭尽全力，很容易随波逐流被淹没在时代的大潮中。

我有一个朋友，毕业后父母想让她回家工作，找人托关系，进了司法部门，成了一名编外临时工，说是有适当的机会可以转正。

其实这就是个闲职，她庸庸碌碌过了几年，盼望转正的机会也一直没有到来。

她再也不想过这样的日子了，于是在父母的阻拦声中辞职去了大城市。她希望找到一份好工作，但每一次都要面对面试官几乎相同的询问：你有会计职称吗？你学过平面设计吗？你的英语怎么样……

所有的问题，她只能回答：不会。

面对残酷的市场淘汰机制，她终于下决心学一门专业。于是她回到老家，开始学习财会知识，不论白天还是黑夜，她都在看会计的书籍，做着笔记。朋友的聚会也不参加了，只为了能够更有效地利用时间。

有一次妈妈看她太累了，就动员她出去旅游，看看风景。她恼怒地对妈妈说："要不是你们曾经让我上了一个那么碌碌无为的班，我现在至于没有任何技能吗？"

妈妈不敢再劝她了。

其他同龄女孩都去约会了，她却躲在自己的小屋里埋首学习着。几年后，她终于拿下了会计师证书。

如今，她已经成为本市著名的会计师，年薪十几万。她骄傲地说，不需要父母铺设的道路，自己的努力也能换来一片蓝天。

我们每个人，要是都有竭尽全力、输一把也不后悔的心态，这样上天必定会眷顾你的努力，你需要的一切都会到来。

第二章

你可以哭泣，但不要忘了奔跑

1 有些黑暗，只能独自穿过

秋叶落尽后，冬季便迅速到来。

有时候我们还沉湎在秋季的忧伤里，远远看去，离春天的到来还很漫长，你只有独自面对冬季的寒霜。

很多时候，我们需要独自穿过一段很冷的日子。有些路，我们只能一个人走过去。也许，在走过这些道路的时候，凄风苦雨、雷电风暴会不停地阻碍我们的脚步，可是，如果就此放弃，也就没有机会领略路尽头的鸟语花香了。

有些时候，我们真的没有帮手，没有所谓的贵人相助。

在最艰难的环境里，没有人会给我们端一杯热茶，或倒一杯热水，会给我们递一条毛巾擦擦汗。

在艰苦的岁月里，除了自己帮自己，除了自己鼓励自己，没有任何别的办法，而且还有可能会遇到很多冷嘲热讽。

可是，那又怎样呢？成功的路途上从来都是孤独的，如果我们没有学会独自穿过黑暗的本领，就不会拥有健全的人格和强大的心智。

有一个年轻人，他刚从农村老家来城市的时候，由于没有任何资金，没有任何技能，他只能应聘一些最底层的工作。

他先是在一家保洁公司当了一名擦玻璃的工人，每天像个蜘蛛一样吊在墙壁上擦玻璃。这个工作很危险，而且一个月才两千多元薪水，可是他坚持了下来。

有人问他：“这份工作这么辛苦，为什么不找个别的工作？”

他说：“家里很穷，父亲病了，母亲种地，我能有一份工作干就很满足了，一个月还能给家里寄钱呢。”

这个年轻人兢兢业业地擦着玻璃，他工作的地方有写字楼、饭店、宾馆、商场，还有小区，他憨厚的样子给每一栋楼的人留下深刻的印象。不久，有一个商人看他太辛苦了，就劝说他跟自己干，跑跑销售、做做跟班什么的，工资还会高一倍。

这个条件很诱人，可是他拒绝了。商人不死心，问他原因。起初他还不想说，被问得没办法了，他才说出实情。他说，他的理想是开一家快餐店，现在擦玻璃的工作对于结识人脉很有帮助。

商人耸耸肩，不以为然。他认为，这个小伙子的理想有点不切实际。

小伙子知道自己是一个擦玻璃的，别人不会把自己放在眼里，他只有把玻璃擦得更加干净，见到楼里的人，很热情地打个招呼，也就仅此而已。

最初，人们对这个小伙子没有什么特定的印象——这个城市有很多这样的农民工，他们做着很苦很累的活，步履匆匆，面无表情。

可是时间久了，他逐渐给人们留下了印象，因为他是唯一一个对着办公大楼里的人微笑的农民工，也是唯一一个肯帮助别人的农民工。

有时候，办公楼的人需要抬重物品，他就很热情地上前去帮忙。渐渐地，这些白领们开始和他熟识起来，偶尔还会和他开几句玩笑，叫他“蜘蛛侠”。他每次都憨憨地笑笑。

几年后，小伙子有了一部分资金，也积攒了一定的人脉，他开了一家送外卖的快餐店。当他打电话给写字楼、居民小区、商场里认识的人的时候，人们都乐意订他的盒饭。

第一个月，他就有了上百名固定客户。半年后，顾客人数发展到了几千人。

现在，他已经开了数家快餐分店，成为资产上千万的老板。

有人问他成功的秘诀，他说：“我擦了六年玻璃，也在墙上被吊了六年，我从最艰难的地方挺了过来。如果，你们也有我擦六年玻璃的经历，你们也会成功的。”

是的，正是由于在擦玻璃这样危险的环境里，他独自度过了一段黑暗的、艰难的日子；正是由于他怀有一个永不磨灭的理想——当一个老板；正是由于他没有在该努力的时候选择稳定，他才过上了原本没法过上的更好生活。

最初，他的理想在别人看来是异想天开，可是，他始终坚持着自己的理想，不管条件多么艰苦，他依然努力着，对遇到的每一个人微笑——他没有别的，只有微笑和一颗热血的心。

在卑微的条件下，他积攒了人脉，从而收获了别样的人生。

有些黑暗，只能独自穿过。有些困境，只能自己突破。

人类历史就是从一个困境穿过，到达另一个困境的路程。佛学大师索达吉堪布说："苦才是人生。"有了痛苦，我们才会激发本身的潜能，等到度过痛苦，然后又会遇到新的痛苦，于是又一次超越，又一次把痛苦消灭。

独自走过很多的路，也许你累了，你很希望出现一位传说中的贵人，给你指一条明路，滴几滴"观音水"，让你的人生出现闪光。你常常埋怨：为什么我的贵人还不出现？为什么这么长的路，让我独自面对？

是的，越是走向成功的路，路途越是艰险。贵人往往会在你取得一点成绩的时候，用"金手"指点你一下，但是，谁能代替你走完你的人生路呢？

任何一条通往成功的路，都得靠自己的两条腿走过去。任何一段阴暗的路程，都不可能被人抬着走过去。

要想成功，必须要穿过一段黑暗之路，而且还得独自走过。

2 你若成功，所说的话都是真理；你若失败，一切道理都是空谈

有一位朋友，那时候他刚刚毕业，只身去了北京，当了一名北漂。他期望通过自己的努力，挣钱贴补家用。

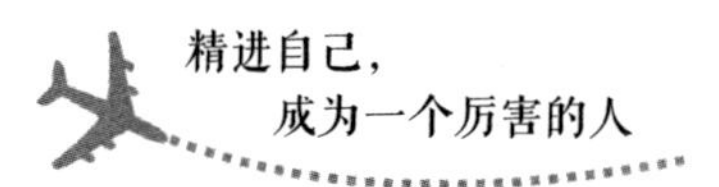

在他那个偏远的乡村，父辈们还有着孩子们大学毕业后就能飞黄腾达、回报父母的思想。他的父母却不知道，如今大学生已经遍地都是。

在找工作的这段时间，他租住在地下室里，房租是一天三十元。他晚上在网上投着简历，白天去参加各种面试，结果是四处碰壁。日子凄惶，生活艰难。

终于，他应聘到一家医疗器材公司做销售，这家公司给他的待遇是一个月底薪两千五百元加提成，如果三个月内连一台机器都卖不出去，就会被辞退。

他每天在街上散发着传单，去医院赔着笑脸和人说好话，可是没有人理他。一台医疗设备少说也有好几十万，这必须得有一定的人脉才好办。

最后一个月的最后一天，在濒临绝望的时候，他去了一家已经拜访过无数次的三甲医院。主任医师见了他就要撵他走，并咆哮起来："去去去！跟你说过多少次，这事不在我的管辖范围之内。"

他很沮丧，之前他找过院长，可是院长不是出差就是不在单位，也许院长根本就不想见他这个小小的业务员。他给公司老板打了电话，说院长又不在。

老板把他臭骂一顿，说他就是一个白吃饭的，一点事儿也干不了，赶紧卷铺盖走人。

这些话很伤人，可是对于一个经常遭受奚落和指责的人来说，已经麻木了。他怀着最后一点点希望进了一家小型诊所，诊所的医生是个老人。

老人看他失魂落魄的样子，问他是不是要看病。他索性卷起袖子说："医生，也许今晚我就真的病了。"

医生很奇怪，当知道原委后，郑重地拍了他肩头一下："小伙子，你真是赶巧了。你看看我的设备都年代久远，老化了，我这几天正想购买一些医疗设备呢。"

医生继续说："我也是从农村出来的，也曾是个北漂。小伙子，不要气馁，路还没走到尽头。"

在最后一个月的最后一天，他终于卖出了一套医疗器材，公司老板高兴地拍着他的肩头，要和他一起去喝一杯。可是他一点也不高兴，最后递上了辞职信。

他不想在一个曾侮辱过自己的老板手下做事，虽然他成功了，可是，他凭着直觉，觉得自己不适合在这家公司工作。这个时候，他是作为胜利者离开的。

他又一次失业了。

而这时，他的父亲给他打电话问他有没有钱，他母亲得了哮喘，需要治疗。他拿出销售提成中的五千元给父母寄去，现在他的身上只剩下一百元，连房子都租不起了。

白天，他在街上捡拾塑料瓶、纸箱，卖给废品回收处，挣十几元钱，买一些吃的。晚上就睡在了公园里。到了走不下去的地步，他把电脑也卖了。

有一天，他接到了一个电话，让他去应聘，原来是一家文化公司招聘编辑。他兴高采烈地去了，可是，当对方问他有没有经验的时候，他说不出话了——他没有发表过文章，于是再一次被拒绝了。

他又一次陷入到绝望中。他不好意思联系旧日的同学、朋友，因为他现在是一个失败者，他要用成绩来证明自己。

他仔细衡量了一下自己的优势与发展前景，觉得还是做销售、开拓市场是自己的强项。

他怀着再次被拒绝的思想准备，去一个网站公司应聘，得到了一个网编职位。这家公司管吃住，他终于安顿了下来。领着微薄的薪水，他从来没有像其他编辑那样，下班后聚餐、喝酒，而是省下自己的每一分钱给父母寄去。

因为有过销售经验，他向经理毛遂自荐，要求去网站的视频部上班。经理最初不太相信他，可是看他满脸热忱，就同意他去试试。他去了没多久，对工作就已得心应手，只做了几期采访，就火遍了大江南北。

接着他又去采访了一位患有脑瘫的著名女诗人，用他的真诚让女诗人说出了自己隐藏多年的心事。临走，他和女诗人拥抱、合影，圆满完成了采访任务。

如今的他，已经成为该网站的运营总监。

曾经的他，被人看不起，住在地下室，捡过垃圾，被人耻笑；当他成功后，亲戚来北京找他，住在他新买的房子里，向他借钱，让他帮忙介绍工作。

每一次，他都毫不犹豫地拿出积蓄给老家的亲戚。他说：“我虽然有了一点成绩，可是不能看不起穷亲戚，我也是从贫穷、窘迫中走过来的。”

没有做出成绩之前，失败的时候确实没有话语权。成功了，一切都变成了有价值。

3 你为什么越活越穷

你为什么越活越穷？你想过这个问题吗？

有些人只顾自个儿埋头走路，很少问及自己这个问题。他们挣着微薄的收入，却喜欢关注网络新闻：这里又爆炸了，那里又发生战争了，有飞机坠落了，有个杀人狂魔杀了 N 个人……

所有这些新闻，会让浑浑噩噩度日的人这样发问：还有比我更悲惨的呢！我虽然只有两三千元的工资，可我不是还好好的吗？我凭什么要自寻烦恼，问自己为何这么穷呢？

可是，仔细想想，自己在社会阶层中处于第几阶层呢？要知道，二十年前有些白领就已经领着三千元的月薪了，你现在的工资才三千元，还真以为自己是白领吗？现在，很多农民工的月薪都上万了，你为什么活得这么穷？

我想起了一个校友的故事。初中毕业后，她考上了一所中专学校学医，日子庸碌而闲散。因为她想的是，学校承诺过，毕业后分配工作，所以不用那么辛苦学习。

可是，临毕业等待实习的时候，学校却发了通知，不包分配了。无奈，她只好去一个超市做了营业员。

可是，当营业员的日子不是她想要的。每天看着货架上的牙膏、洗发液，她就想起了输液器、针筒和散发着消毒液味道的医院。

这个时候，她在超市的底薪只有一千多元，除了吃饭，买衣服，所剩无几。最后，她做了一个决定，参加成人高考。

不必多说那些“囊萤”“凿壁”的时光，一切努力都会换来结果。这一年，她用自己四年的医学专业基础加上一年复习的汗水，参加了高考，考上了一所医科大学。

在大学里，她没有谈恋爱，而是不断勤奋、刻苦地学习，因为她曾经在中专已经浪费了四年光阴，她知道时间对于自己来说多么珍贵，现在她要把时间夺回来。

大学实习结束后，因为留在医院的名额有限，她并不是善于左右逢源的女孩，结果没有留到实习的医院。如果去私立医院，闲杂工作多而且待遇很低。她觉得，还是正规医院能够让自己学到知识并得到全面的发挥。

于是，她一次次去参加公立医院的面试，终于被一家外地的医院录用了。

从中专毕业那一刻起，自身的不安全感就让她一直没停止过努力。她后悔自己上中专时没有好好学习，浪费了光阴——好在她在遇到逆境的时候，终于明白了自己要做什么。

后来，不管是在超市做售货员，还是在大学里读书，除了医学书本给她带来充实感和安全感，她找不到更有效的办法来获得安全感，爱情也不能。

她好不容易进了这家医院，知道这个名额来之不易，她时刻有着居安思危的意识。开始时，她的工资只有两千多，还远远不够偿还为了读大学父母替她借的债。她要挣更多的钱，让父母不再为自己担忧。

于是，在医院的日子里，当其他女孩陶醉在爱情的甜蜜中时，她又一次抱起了课本，她决定考研。

三年后，她终于如愿以偿，考取了研究生。然后，她从普通护士转到了内科做护士长，工资也翻了一番。

一年后，她转到了 ICU 监护室。又过了两年，她成了护理部主任。此时，她早还清了债务，终于不再那么寒酸，不再为钱那么发愁，可以买自己喜欢的衣服。

她成为了自己想成为的人。

这个过程，是她对自己不满足、一直努力的过程。如果在当营业员的时候，她像其他女孩一样满足于几千元的薪水，那她就没有以后的一次次转变和成就了。

我们在这个世界上，有时候不得不和周围的人比较。是的，我们和亲戚比、和朋友比、和同学比——我们的痛苦，也来源于和人对比的过程。

我们唯恐自己成为剩下的那一个，唯恐自己是最穷的那一个。其实，这种心态谁都有，可是，你问过自己吗？你为什么越过越穷？

上面所说的那个高中校友，她出生在一个并不富裕的家庭，父母都没有正式工作。从她被所在的中专拒绝分配的那一刻起，她就意识到了危机，而超市里繁杂的工作让她失望，她喜欢医院的气息，于是就奋起直追了。

命运最初没有眷顾她，面对一次次打击，她一次次用学习来对付挑战，尤其是从中专到考大学，于她来说是一个艰难的抉择。

很多女孩从大学校门出来走上社会的时候，会逐渐失去学习的斗志，她们挣着不多的薪水，却指望嫁给一个有钱人。可是话说回来，如果你不是天生丽质、美若天仙，还是断了这个念头吧。

要知道，世间的大部分男人也是很现实的，他们的压力也很大，如果你是一个优秀的女孩，可以为他们省去很多后顾之忧。所以，他们也希望找一个有能力给自己买单的女孩。

你如果是一个优秀的女孩，那时候，你才可以占据主动地位，挑选男人；如果你并不优秀，只想靠着运气找个有钱人，你只有被淘汰的份儿，因为这种女孩太多了。

这个独木桥，还是不要挤的好。机会只留给有准备的人。

人之所以越来越穷，是因为不舍得给自己的头脑投资，只给自己的脸蛋投资——化妆品和漂亮衣服是很多女人投资的主要方向。当机会来到的时候，你就是使劲抓也抓不住。

你为什么越来越穷？是因为你不懂得游戏规则。如果你没有好的人脉，那就努力让自己变得更强，因为人们都喜欢和强者做朋友，都希望从强者身上汲取进步的能量。所以你不努力，只会让人对你敬而远之。

不妨多问自己几遍这个问题：你为什么越活越穷？只有坦诚地和自己交心，明白以后，你才有可能摆脱贫穷。

4 内心深处的羞耻感，会让我们成就更加优秀的自己

我有一个大学校友，叫康乐。

康乐是一个瘦小的男生，却非常幽默，爱搞怪，哪里有了他哪里就有了欢乐。我们叫他“瘦猴”，他也不恼，在我们的印象中，他是那种永远也不会有烦恼的人。

想必，每个学校都会有那么一个嘻哈、搞笑的男生，他天生就是来逗人乐的。不过这样的男生，学习成绩一般也不怎么样，对于他而言，能把人逗乐就是一件值得开心的事。

直到有一年，康乐的老家发生了大事，和他从小玩到大的表哥出车祸去世了。据康乐以前跟我们介绍，他这个表哥是一个很帅气、很阳光的男生，就在前几天还和他煲电话粥，说暑假一起去西藏玩，转眼便阴阳两隔。

另一件对他触动很大的事，是他的姥姥也走了。他姥姥享年

九十岁，算来应是喜丧。

康乐从小是姥姥带大的，姥姥待他非常好。

他说，从初中到高中，只要他放学回家迟了，姥姥因为不放心他，就会找到学校去。轮到他值日打扫教室的时候，姥姥竟然拿着笤帚来扫，担心外孙吃不了苦。

他们住在北方的农村，每天睡觉前姥姥都要烧好炕，把他的被窝暖得热乎乎的。早晨，姥姥会起很早给他蒸他爱吃的枣泥豆包，再熬上一锅粥，拌好凉菜，让他吃了早餐去上课。

他说，他从来没想到姥姥会走得这么突然，因为姥姥虽然年纪大了，却一直很健康。

两个亲人相继离开后，康乐就好像变了一个人。他变得沉默寡言，以前他经常迟到、挂科，现在开始变得爱学习了。

有时候我们逗他，说几句话，他也埋着头，闷声说："我没那个心思，别逗了。"

看到他严肃的样子，我们开始很少和他开过分的玩笑了。那以后，经常看到他埋首于功课之中。有一次我路过他的桌子，看见他的笔记本扉页上写着：如果不做出一番成就，活着就是一种耻辱！

康乐真的和以前不一样了，也许，是因为他挚爱的两位亲人的离世，让他感受到了生与死的遥不可及，体会到了一个人浑浑噩噩度过一生的羞耻感。

是的，每个人都要经历生死，从嗷嗷待哺到日益长大、成熟，我们都离不开死亡这个深奥的哲学命题。在这个命题面前，我们无助、无力，任何的抢救措施都挽回不了已经流逝的时光。

爱过的，恨过的，都会随着死亡而烟消云散，而在这个大千世界里，如何才能不枉活一世，才是我们要想、要做的。

康乐最初学的东西很杂，主要看一些哲学、文学书籍。他是从哲学专业转到我们证券专业的——我以为他依然爱好哲学专业，可是过了一段时间，却发现他改变了思路，开始学起证券来了。

证券很难考，就是我们的“学霸”也没有考过，可是他把第一学期的三门课程和第二学期的两门课程，都考过了。

我们惊呼他为天才，以为他会高兴起来，可是他依旧很沉默。有时候我们会看见他在电脑上写东西，原来，他建了一个网页专门纪念姥姥，每个星期都会给姥姥写一封信。

他用沉默来纪念姥姥对他的宠爱，偶尔也会在给姥姥的信里说起那个出车祸的表哥。

我曾有一次打开了他的网页，看到他说：“姥姥，我很想念你，我不知怎么重新建立自信。最初我学了哲学，后来我发现，学好证券专业才能让你开心，于是我考了证券专业。现在我又开始学习心理学，我要用我的知识洗涤那些堕落的心灵。”

从大三起，康乐开始学心理学。

他每天早晨五点起床，看书到七点，然后吃早饭。吃了早饭，继续看书到十一点。吃了午饭也是继续看书，看到下午六点。他把自己沉浸在书本里，这个秩序很少被打乱。

毕业的时候，他考到了全国心理学专业名列前茅的学校。现在的康乐，在北京开了一家从事心理咨询的机构，成了一名资深心理专家。

我不知道，他究竟有没有脱离亲人离世后带给他的精神“苦海”，但是现在的他确实让人感到欣慰。

也许我们的生命，确实需要一个契机，这个契机会影响我们的人生观。

我们在看鱼缸里金鱼的时候，由于水的折射，鱼的形象会和它本来的模样发生改变。实际上，鱼儿在鱼缸里看我们的时候，效果也是不一样的，这也是因为水的折射。

我们生活的环境，就是一个大鱼缸。我们在里面，快活地游来游去，可是，当打破了这个鱼缸，你就会发现，你生活的世界其实就是一个虚幻的世界而已。

我们的神经习惯于麻木，我们明知道这个世界有很多的苦恼，可是我们不乐意正视它，于是，我们在生活中不断选择逃避——我们宁愿虚度光阴，把时间赶走，也不愿意抓住它，让生命延续得更长一些。

我们每一个人，都应该打破自身的那个“鱼缸”，让自己行动起来，时刻保持危机意识，这是因为我们内心深处的羞耻感，会让我们成为更加优秀的自己。

5 你只有足够努力，才能与你喜欢的人更相配

一个三十岁左右还单身的男人抱怨道：“现在的女人怎么这样现实啊？我刚想追求一个女人，她就在微信上跟我要红包。你说，现在的女人是不是也太物质了？”

我听了不禁莞尔，也许，现在的女人是太现实了。以前，人们结婚要有“四大件”做嫁妆，后来“四大件”的标准也在不断变化，但那些都无法与如今的婚嫁行情相提并论：现在的姑娘，结婚首先看房和车。

于是，很多人开始抱怨现在的女孩势利、现实——可是你没有房子，女人就没有一个安身的所在。电视剧《蜗居》里的海萍为了房子，和丈夫吵吵闹闹，最后还是妹妹海藻用给人当情人挣来的钱摆平了这事。

现在，女孩的势利也是由客观环境造成的。

当你的爱人和女友们去逛街的时候，女友们身上穿的、脸上抹的都是大牌产品，可是如果你的爱人，她穿着打折处理的廉价货，用着淘来的山寨品，她的自尊心肯定会受到伤害。

俗话说，三个女人一台戏。女人们在一起是很容易八卦的，你穿的什么，用的什么，花了多少钱……她们时不时就会相互攀比。

女人之间喜欢攀比是天生的。不要说你的爱人从来不和别人比，不要说你的爱人就喜欢穿廉价衣服、便宜鞋子——天底下没有不爱美的女人，女人的衣橱是永远填不满的。

而有的女人之所以在嫁了人后变得蓬头垢面，就是因为她的男人挣钱少，除了平时的生活开销之外，没有能力买名牌。

想起了陆华的故事。小学时他是老师眼里的差生，每一次考试都不会超过五十分。调皮捣乱是他的强项，直到上了初中，他依然是让老师头疼的学生。

初二那年，他的学习成绩在班里排名倒数第四，可是这时候他喜欢上了“班花”。

班花的家境很好，爷爷奶奶都是军区老干部，父母也是转业干部，舍得给孩子投资，虽然她还是学生，但穿衣服的品位已经和周围的同学大不一样。

他得到的是班花的不屑一顾：“一个穿十块钱球鞋的差生还想和我好，真是癞蛤蟆想吃天鹅肉！”

陆华也觉得自己寒酸，毕竟家境不怎么样，学习成绩不好，白雪公主似的班花怎么会看得起自己呢？

好几天，陆华一直闷闷不乐。

父母不解缘由，问了好几次，他也不吭声。以前他回了家生龙活虎的，又是上房又是赶羊，如今回了家，简直成了哑巴。

终于有一天，陆华说话了，他问父亲：“我们什么时候买得起大奔啊？我们班里的班花爸爸就开着一辆。”

陆华的父亲直截了当地说：“儿子啊，靠你爸妈这辈子也买不起大奔。我在外面工地上给人盖楼，一天挣一百多块钱，刮风下雨还不上工，冬天也开不了工。包工头有时卷钱跑路，所以经常发不了工资，我们前年的账还没算清。

“你也看见了，家里，你妈攒煤球卖，好几天攒够一车，才卖五十元。就是不吃不喝，我们干一辈子也买不起大奔。要想买得起大奔，最好的办法就是你自己要有出息。”

陆华一下子激起了斗志，他想：“靠着家里，这辈子也别指望了，还是我自己努力吧！”

从此，他开始努力学习，激发了自己的所有潜能。到了家就看书，再也不调皮捣蛋了。他把所有的时间都用在了课本上、做习题上，初三毕业那年，他如愿地和班花考上了同一所高中。

他依然喜欢着班花，可是班花依然不喜欢他，觉得他土气。

他并不气馁，继续用努力学习表现自己，在高中还成了学霸，别人不会的习题，他只用几分钟就能解出来。

虽然没有得到班花的青睐，但他努力学习的精神还是感化了班花。可是班花依然对他说：“我们不合适，因为家庭、身份都不合适。”

他依然没有泄气。班花考上大学的时候，他也考上了一所不错的大学；班花去了加拿大上学，他也跟到了加拿大读书；后来班花又去了美国，他也跟着去了美国；班花考上了 IMF，成了公务员，他留在了硅谷。

此时的他，已经成为精英人才，有了美国的绿卡。班花被他的诚心感动，他和自己心爱的姑娘终于走进了婚礼的殿堂。

这就是一个差生逆袭的故事。听起来有点俗套，不就是个富家女孩贪恋荣华、穷家男孩奋勇翻身的故事吗？

是的，对别人，我们也许可以这样说，可是，如果一件事落到我们自己身上，又会怎样呢？谁的父母不希望自己的女儿嫁给家境殷实、又肯努力的青年？哪个女孩不喜欢被一个有才、多金的男人宠爱？

为什么现在"霸道总裁"一类的影视作品这么受欢迎，就因为反映了现在众多女孩的心理——灰姑娘渴望嫁给王子的心理！

回到最初的话题上来，那个抱怨女孩跟自己要红包的男子，如果连十块八块的红包钱也不舍得拿出来，又怎么见证你的真心呢？能力不足，就要努力；没有存款，就要拼搏。

当然，作为女孩子，也应该保障自己的钱包里有足够的钱。女孩子有钱了，诱惑也就不存在了，起码不会犯低级错误，轻易就进了别人的大奔。

在一次聚会上，有人带着孩子，想让自己的孩子聆听一下陆华的成功秘籍。

那天陆华也喝多了，回想起前半生，发了几句感慨，他说："我没有存款，所以我不敢休息；我不敢说累，因为我没有成就；我不敢偷懒，因为比我优秀的人还在努力。

"世间没有一份工作不辛苦，没有一处人事不复杂，所以努力是我的本钱。只有不断努力，才有足够的存款，追我喜欢的人，做我喜欢的事，去我想去的地方……”

有人赶紧找出笔和本，让他把这些话写在扉页上。

陆华哈哈大笑，只在对方的本子上写了一句：“你只有足够努力，才能与你喜欢的人更相配。”

6 青春就是用来吃苦的

我们每个人的青春都是独一无二的，如果在青春年华选择了安逸享受，等到老了以后，一定会无比痛恨那个曾经的自己。

章子墨是我的大学学妹，在她很小的时候，她的母亲离开了家，是爸爸把她抚养长大的。就在她大学毕业的时候，她的母亲忽然出现了，并且要她跟着去创业。

在章子墨的记忆里，这还是“第一次”看见母亲，因为幼儿时期对母亲的记忆已经湮没在时间的长河里了。能够见到日思夜想的母亲，对她是莫大的惊喜，她想也没想，就跟着母亲南下去了深圳。

在深圳，章子墨和母亲住在一处民宅里。这里经常汇集着天南海北的人，他们和章子墨的母亲谈一些商业合作，那些话题章子墨不想听也听不懂。她只知道，母亲是一个很有心眼、很能干的人，比如情人节卖鲜花、圣诞节前夜兜售平安果。

母亲不遗余力地做着一切在她看来能赚大钱的生意，她最大的希望就是有朝一日成为“李嘉诚”。她经常说，李嘉诚当年也是做小生意白手起家的，现在不也成为首富了吗？

有时候，房东来收房租，母亲就躲出去，好几天不见影子。章子墨手里也没钱，这样的情形发生了好几次，她都觉得不好意思再见房东了。

偶尔，母亲会突然回来，带着章子墨，叫上同一个大院的几个租客，一起出去吃饭。

在饭桌上，母亲抢着买单，还挑剔章子墨的长相，说自己的女儿长得不够漂亮，也不会打扮，以后不会嫁给有钱人。

母亲喝多的时候会说，某某当了二奶，住进了几千万的房子里；某某找了一个港商，现在日子过得如何滋润……

章子墨对母亲的话很反感，以后就尽量躲着不去这种聚会。

有一天，母亲又一次消失了，而房东又来催房租，章子墨把房费给了房东后，已经身无分文了。

她决定以后不再花母亲的钱，自己要自力更生。她去给一家礼品公司做业务，第一个月是实习期。

很多业务员都是上门推销，口若悬河，章子墨因为刚出校门，所以很拘谨，一看到对方露出不耐烦的神情，就马上不说话了。这样下来，她只挣到了一点儿保底工资。

如果第二个月再卖不出货，章子墨就会被辞退。她不得不厚着脸皮，再一次去了一家经常拒绝她的礼品店。对方看到又是这个不爱说话的姑娘来推销礼品，就很不耐烦。

这一次章子墨已经打定主意，就是卖不出去，也要把手里的东西送出去。正好看到老板的女儿在沙发上哭闹，她拿着公司的样品——一串开锁智力玩具给这个孩子，然后手把手教孩子怎么开锁。

礼品店老板看着章子墨认真哄孩子的神情，她不好意思再拒绝了，说道："你的礼品我全要了。"

就这样，子墨做成了第一单生意，以后又有了第二单，第三单……月底的时候，她留在了公司，成为了一名合格的销售人员。

这时候，章子墨的男朋友来到了深圳。

母亲依然不见踪影，对于这个经常玩失踪的母亲，章子墨已经习以为常。她也不打算靠着母亲缴纳房租和吃饭了，她已经在深圳这个城市初步站稳了脚。

男友学的是编导，最初也和章子墨一样彷徨，没有人脉，没有资金，没有作品，只有四年大学的课本知识——可这些知识在残酷的现实面前，是没有丝毫作用的。

章子墨并没有嫌弃男友，他们搬离了以前的出租屋，租了一个面积小些的公寓。

章子墨建议男友也去做销售，为了生存，男友只好做起推销饮料的工作。有一个雨天，由于不小心，一箱子饮料从自行车后座上掉了下来，摔得粉碎，红色的果汁流了出来，章子墨和男友在雨中拥抱、痛哭。

可是，他们并没有因此离开深圳。

章子墨的业务做得越来越娴熟，也一步步荣升为销售主管。

而男友的志向并不在销售，他还是想当编导。于是他找了一份仓库管理员的工作，这份工作虽然薪水不高，可是不累，也能在清闲的时候写点东西。不久，他的一个微电影剧本被一个制片人看中，他从此进入了影视界，开始写剧本，拍电影……

两个人现在已经在深圳买了房和车。

每一次他们回忆起当年受苦的日子时，章子墨都会说，青春就是用来吃苦的，这样将来的成功才有意义！

7 学会为对方买单

想成功，要先付出，这个道理谁都懂。

但在付出的问题上，很多人搞不明白，自己的付出到底值不值，自己该不该买单。或者在某些场合，如果对方比自己更有钱，是不是就应该对方买单，或者是，我又不求对方做什么，还用我买单吗？

正因为很多人有这样的想法，所以才会显得推三阻四、扭扭捏捏，这样的人在人生路上会走得很艰难。

很多成功人士，他们不是现在有钱了才抢着买单，而是在他们还没成功的时候，就是一个大方、主动的人。那些畏首畏尾、处处想着沾光、占小便宜的人，最终往往都一事无成。

买单，不仅仅是一种花钱的行为，当然，这对于那些家境不太好的人来说，确实觉得难以承受。可是，从另一个意义上来说，买单更是一种人品的保证，代表着你的诚意。

王桂是某电视台一档娱乐节目的工作人员，一次他所在的娱乐节目来了一个大客户，是主营家电行业的，每年会在电视台投放几百万元的广告费用。

谈成合作意向后，王桂跟着节目组的经理和这位老板去吃饭。王桂心想："反正你们都比我有钱，也比我职位高，我就权当去蹭吃蹭喝了。"

酒足饭饱后，王桂看到经理和客户抢着买单，最后还是家电老板说："这顿饭我请吧，你们都是挣工资的，挣点钱也不容易。"

付完款后，这老板还说："下次有机会，我还请你们，这种事属于公司的正常消费。"

回到单位后，经理很不满意，他问王桂："为什么你不买单？"

"我是个小人物，你们一个是负责人，一个是老板，都比我职位高，挣得也多，为什么我买单？这完全不对啊！"说完，王桂还觉得自己很有理，回到家闷闷不乐，第二天又给经理发了一条短信："以后要我请客，请提前告诉我。"

经理知道王桂生气了，等王桂上班后，他把王桂叫到办公室，语重心长地对他说："王桂，我知道你觉得委屈，觉得冤得慌，可是，你知道我为什么问你不买单的理由吗？

“你要知道，每个圈子都有游戏规则，并不是你很穷、工资低，就可以逃避买单。你要知道，对方是我们的客户，是我们有求于对方。也许，对方不在乎这么点钱，可是，买单意味着我们的诚意和态度，你知道吗？”

王桂还是不服气。

经理继续说：“在每个职位上都一样，如果你只接受，不付出，你就很难找准你的位置。为什么那些经常请客的人，会越来越有钱，会升到高的职位——你会说，人家有钱，人家有求于更高的领导，所以就买单呗！

“当然，我承认这种说法确实有道理，买单是有求于对方，比如升个职、比如想办成某件事、比如想联络感情，这都是买单的一种行为。可是，还有一种买单，是尊严，是地位，是展示自己的一个方式。

“比如昨天的一顿饭，你没有买单，家电老板也许会觉得你可能是我的下属，我的跟班，无所谓的人物，没有价值的人，而不是我们电视台重要的一员。人家不会在乎吃了什么，而在乎的是你的态度。”

王桂有点醒悟了。

只听经理继续说：“请你记住，世界上没有免费的午餐，你要学着为对方买单，这不仅仅是为谈成一笔生意，更主要的是展示你的价值。如果这顿饭确实不需要你买单，你也不必担心会花冤枉钱，别人一定会把钱给你塞回去。如果需要，哪怕你一月只有三千元的工资，这顿饭花个千八百的，你也要抢着买单。”

听完经理的话，王桂明白了。之后在一次同学聚会的时候，虽然有的同学比他有钱，可是他抢着把钱付了——那一次，他发现好多同学看他的眼神变了。

后来一些本来和他关系疏远的同学，都开始给他打电话了。有些时候他抢着买单，却发现同学事先已经把钱付了。另一些有门路的同学，知道他家境并不太好，帮他联络了一些兼职。

现在，王桂每个月用通过买单联络的业务赚到的钱请人吃饭，完全富富有余。

在事业刚起步时需要积累人脉，就应该记住以下原则：

第一，穷人和富人吃饭，穷人要抢先买单；

第二，穷人买单，买的是尊严、买的是平等、买的是一份投资；

第三，不买单的人，没有机会；

第四，买单，是一种付出，更是一种人品的保证，肯付出的人，才会有美好的明天。

8 所有的积累，都不是浪费时间

比尔·拉福是美国著名企业家，从小他就立志做一名商人。可是他中学毕业后，却考入了麻省理工学院读了机械专业，而并不是贸易专业。

学习了四年后，比尔·拉福没有按照原来的理想去经商，而是考入了芝加哥大学，学了三年经济学，并拿到了硕士学位。

接下来，他还是没有投入商海。

当时，他的父亲是一家公司的高管，他没有干涉儿子的选择，他认为，做一名成功的商人，需要学习的地方有很多。

比尔·拉福从大学毕业后又花费了三年时间，学了法律，之后考上了公务员。他认为自己在社会上的经验还不多，需要在社会这所大学里锤炼自己，于是在公务员这个岗位上工作了五年。

然后，他应聘到一家公司，从中学习了很多商业技巧，洞悉了商务规律。

当时这家公司让他当高管，他却辞职了，并创办了自己的公司——拉福商贸公司，此时他已经三十五岁了。二十年后，他的公司资产从最初的二十万美元累积到了两亿美元。

在比尔·拉福来中国访问期间，他接受了记者的采访，他说自己之所以能够成功，是因为父亲最初给他制定了一个“生涯设计”方案：

工科学习→工学学士→经济学学习→经济学硕士→政府部门工作→锻炼处世能力，建立广泛的人际关系→大公司工作→熟悉商务环境→开公司→事业成功。

比尔·拉福的成功，来源于在各个对他来说很必要的领域，他都进行了日积月累的学习，而不是急于求成。他沿着心中的理想这个大方向，一步一个脚印，一层一层台阶，向上攀登。

在大学里，比尔·拉福除了学习机械专业，还涉猎了化工、建筑、电子等各个方面的知识。毕业后，他学习经济学，掌握了经济学知识，明白了商业上的很多规律。学习法律对于他以后经商也有很大的帮助，之后进入公务员行业，也是和社会打交道的过程。之后进入一家公司工作，也是为了创办自己的公司做准备。

比尔·拉福的积淀，是为了日后理想之花的盛开。为了自己经商成功，他学习了二十年，终于在自己开公司的时候，他成功了，而且发展迅速，成为了美国著名的企业家。

很多人都心怀理想，然而在社会风气偏于浮躁的当下环境里，愿意为实现理想潜心积淀的人却屈指可数。罗马不是一天建成的，没有牢固的地基，理想大厦不会拔地而起。

人要有清晰的理想，而在实现理想的路上，我们所走的每一步都是有意义的，不要小看每一步的积累，这些都是通往成功所必需的。

9 做应该做的事，才有机会做喜欢的事

梦想和现实之间的距离，常常会让我们彷徨无措，有时候，我们会沉浸在追梦中而轻视了现实的艰难；也有时候，我们只顾着埋

头工作而忽略了心中的梦想。

梦想，是我们人生中最绚烂的那道彩虹，有了梦想，即使身在最底层，依然会感到有一股强大的力量能将自己托起来。可是，如果忘记了脚下的路而一味迷失不前，梦想有时也会是最虚无缥缈的可怕陷阱。

在处理梦想和现实的问题上，还是要把握住自己的内心，做应该做的事，这样才有机会做自己喜欢的事。

有一个痴迷刘德华十几年的粉丝，叫杨丽娟，她来自一个小镇。一个女孩子崇拜偶像，这事本来无可厚非，可是她却到了十年不和外人接触的地步，整天在家听刘德华的 CD，看他的演唱会，从报刊上剪下偶像的照片贴满了屋子。

后来，杨丽娟陷入更疯狂的境地。她的父亲为了她能去香港见刘德华而四处筹钱，甚至准备卖肾，最后把家里那套四十平方米的房子也卖了，只为了实现杨丽娟的这个梦想。

杨丽娟的母亲是残疾人，没有工作，只有她的父亲当教员的那点工资维持家用。因为她的这个不切实际的梦想，她的家人为她付出了所有。最后父亲投海自杀，临死前给刘德华写了一封亲笔信。

杨丽娟在父亲跳海自杀后幡然醒悟，才知道自己之前已经走火入魔。她从没有正常工作过，更不用说为了梦想而拼搏奋斗。可惜的是，当她醒悟的时候父亲已经不在了……

杨丽娟的错误就是没有分清梦想与现实的距离，并且没有为了缩短这个距离而努力。

同样是追星，我同学的弟弟王建就能够让自己的梦想变为现实。他非常欣赏王菲，十几年都没有变，但是他并没有为此迷失，而是默默地勤奋耕耘，经营着自己的产业。

他是做房地产中介生意的，每天辛辛苦苦地工作。有一天很晚了有客户来电话，说自己第二天要出差，能不能这个时候去看一套二手房。他二话不说，起来穿好衣服就带着客户去看房。

他的努力终于换来了回报。现在的他，开了好几家专门代理房产业务的公司，自己也有了好几处房产。随着房地产的升温，他的房价翻了几番，光一处繁华地段的房租收入，一年都有几十万。

此时的他，也实现了和偶像见一面的梦想。在王菲的一次演唱会上，他买了前排的座位票，并且在演出中跑上前给王菲献了一束花。那一刻，他觉得很满足。

英国威斯敏斯特教堂的地下室里，英国圣公会主教的墓碑上写着这样一句话：

“当我年轻时，我梦想改变世界；当我成熟后，我发现不能改变世界，我决定只改变我的国家；当我进入暮年，我最后的愿望仅仅是改变一下家庭，但这也不可能。当行将就木，我突然意识到：如果一开始我仅仅去改变自己，我可能会改变家庭、改变国家甚至改变世界。”

的确，如果我们连应该做的事情都做不好，如何去做自己喜欢的事？

我有一个叔叔，也曾经有少年宏志，要成为一名富豪。为了实现这个愿望，他去买彩票，每一期都买，而且数额巨大。直到有一天，他穷得家徒四壁，最终没有成为梦想中的有钱人。

一步登天、一夜暴富的想法并不可取，只有一步一个脚印往前走，才能实现自己的梦想。

在生活中，我们需要完成的责任太多，仅仅有梦想是不够的，你喜欢做的事和现实之间可能会有很大的差距。

所以，先把自己应该做的事情做好，才有机会做自己喜欢的事。

第三章

只要坚持，梦想总会实现

1 梦想，是平庸与优秀间最难以逾越的距离

“雄关漫道真如铁，而今迈步从头越。”我们要始终坚信，我们完成每一件事，都是成全自我的过程。在这个过程中，懒惰、倦怠、消极、沉沦，解决不了任何问题，成功只属于坚持到底的人。

在我上寄宿高中的时候，我看见过一些所谓的“学霸”，他们在我眼里显得很贪玩，看不出怎么用功就能考第一。那时候，我认为学霸们都是天赋异禀。

直到一次开学习交流会，一个学霸的话让我幡然醒悟，他说：“你们真的相信我只玩耍，不学习吗？我为什么喜欢在一些不重要的课堂上睡觉？你们知道我每天晚自习之后都要坚持再学一会儿吗？我躺在宿舍的床上，会把白天的课程重点在大脑里默记一遍，有默记不出来的，就再看一遍书。

“当然，宿舍里很乱，其他同学说着八卦新闻，我也很想掺和进去聊一聊，可是我告诫自己，必须要背过白天的课堂内容才能和他们聊天。于是，每个晚上我都会用最快的速度默记重点内容，他们的谈话我渐渐就做到了充耳不闻，往往等我默记完毕后，发现宿舍里已经一片鼾声了……

“正因为我持久的坚持，第二天的课程我才能做到游刃有余。

很多人奇怪，我怎么这么聪明，老师讲一遍就记住了——其实我哪有那么聪明，都是坚持的结果……”

这时候，我彻底明白了，原来“学霸”并没有我们想象的那么神秘，他们之所以能够达到我们梦想的高度，就是因为他们对自己要求严格，在严格要求的基础上，又坚持下来，最终成为了优秀的人。

哈佛大学曾经做过这样一个调查：

一群大学生毕业后，他们的学历、环境、智力都相当，在出校门前，哈佛大学对他们进行了人生目标检测。结果是：27% 的人没有目标；60% 的人目标模糊；10% 的人有着清晰、短期的目标；3% 的人有清晰、长远的目标。

二十五年后，哈佛大学又对这群学生进行了跟踪调查，结果是这样的：

3% 的人，他们朝着一个方向不懈努力，几乎都成为社会各界的成功人士，其中不乏行业领袖、社会精英；

10% 的人，他们不断地实现着一个个短期目标，成为各个领域中的专业人士，大都生活在社会的中上层；

60% 的人，他们安稳地生活与工作，但都没有什么特别好的成绩，几乎都生活在社会的中下层；

剩下 27% 的人，他们的生活没有目标，过得很不如意，并且常常在抱怨他人、抱怨社会、抱怨这个“不肯给他们机会”的世界。

从这个调查可以看出，只有朝着一个目标坚持不懈地努力，才能成为社会精英。而另一些人，把时间浪费在困顿、迷惑、无聊中，这是对生命的浪费，更是对自己的不负责任。

只要坚持，梦想总会实现。马云说过："今天很残酷，明天更残酷，后天很美好，但绝大多数人都死在明天晚上，看不到后天的太阳！"

道理很简单，做起来却很难。因为坚持是一项长远而艰巨的任务，在这个过程中，我们最初立下的志向很容易在时间的长河里，在遇到挫折和麻烦的时候就此停滞。

是的，懒惰是人的本性。从另一个角度上来说，坚持需要技巧，如何让自己坚持得不亦乐乎，坚持出正能量，也是一种艺术。只有为着梦想坚持，我们的坚持才会长久。

韩国泛业汽车公司的总裁曾在大学毕业论文《成功并不像你想象的那么难》中，解释了坚持和成功的秘密：

很多接受采访的成功人士表示，对于理想的坚持，他们并没有感觉这是一件很难的事情，也没感觉坚持是一件很痛苦的事情。他们在做这件事的时候是因为喜欢才做的，做的时候感到很快乐、很刺激，于是长期坚持，最后成功了。

这就好像是爬山——我们会在爬山之前给自己设立一个高度，一定要爬上预设的高度。沿途中，有一些峻峭的山石会阻挡我们前进，可是总有一些好玩的、刺激的事情会让我们觉得快活。

我们一层一层地攀登，心想，到了山顶上风景会更美好，于是攀登的过程充满了乐趣。当然我们也会累，更多的却是一种好奇和向往。

所以，我们今天说只要坚持，梦想总会实现，绝不是为了应景，更不是违背我们本性的行为，它更多的是一种快乐、美好的感觉。

如果说所有的天才都是疯子，那么，请你怀着对梦想的热情，疯狂地坚持下去吧！当你越过一个又一个高峰，人性中那些痛苦、懒惰的基因，就会在你习以为常的坚持中遁逃无形。

请你相信，你的坚持，终会成就你的梦想，只要你坚持，梦想终会实现。

2 再长的路，也要一步步走完

成功，就跟走路一样，再长的路，也需要一步步走完。

李安的故事，大家并不陌生，他三次获得奥斯卡金像奖，得过五座英国电影学院奖、四座金球奖、两座威尼斯电影节金狮奖以及两座柏林电影节金熊奖。他是第一位在奥斯卡奖、英国电影学院奖以及金球奖这三大世界性电影奖中都夺得最佳导演奖的华人。

李安身上的光环太多了，可是，他的成功绝不是偶然的，他曾经在这条路上走得颇为艰难。

李安的父亲李升是个教师，有旧文人的思想，希望李安以后考上好大学，成为诗礼传家的楷模。可是，李安在中学时成绩平平，甚至不怎么好。尽管李升对儿子很失望，但还是希望儿子上大学，不管以后是当老师还是当工程师，这都会让他觉得很光荣。

可是李安两次违背了父亲的意愿，他第一次高考落榜后，在第二次考大学的时候，数学交了白卷。后来，他不得不上了一个专科艺校，在台湾艺术专科学校学影剧科目。

那时，李安虽然有当编剧的梦想，可是那个梦想还很遥远，他准备进入影视行业先从当一名演员开始。在艺校里，李安发挥了自己的演艺才能，甚至得到了一些小小的演员奖。

可是父亲并不认可这种成就，他依然认为，儿子进入娱乐圈是一个错误。

在艺术学校上学时，李安经常在台北汉口街的台映试片室看一些欧美艺术电影。二年级时，父亲虽然对李安不抱什么希望，可是依然给他买了一台摄影机，这是父亲一生中送给他的唯一一份和电影有关的礼物。

他用这台摄影机拍了一部黑白短片《星期六下午的懒散》，正是这部短片，帮他申请到了纽约大学电影系。

后来，李安打算报考美国伊利诺伊大学的喜剧电影学院时，父亲还是反感的，他的心里还是认为万般皆下品，唯有读书高，而娱乐界在他的思想里是三教九流、上不了台面的行业。

父亲对李安说：“你知道吗？在美国百老汇，每年只有两百个角色，却有五万人在争夺这些角色。”

而李安却一意孤行，踏上了美国的土地。

几年后，李安从电影学院毕业后才理解了父亲的话——在美国，没有一点人脉和资源，没有背景，华人要想混出点名堂简直太难了。

这时，李安对自己进军美国影视界有一点灰心失望，他把所有的东西装成八个纸箱，准备回台湾发展。就在把行李运到港口的那一晚，他的毕业作品《分界线》在纽约大展中获得最佳影片、最佳导演两个奖项。

当晚，他又留在了美国，这一留，就是六年。

这六年中，虽然有美国的经纪人和他签约，可是，他的事业依然毫无起色。孤独难耐，压抑痛苦成了李安这一阶段的主要感觉。他拿着一个剧本，两个星期跑了三十多个公司，可是遇到的都是白眼。

这个时候，李安已经结婚还有了儿子，可是他连生活都没有办法保证。他的妻子在一个小研究室做药物研究，薪水也不多。

李安也想过出去找个工作，偶尔遇到影视方忙不过来的时候，他就去帮人家拍一点小片子，给人家做点剪辑、剧务，看守器材等。在这期间，他写了大量的剧本，尽管没有一个人肯投资拍摄，他还是没有放弃自己的梦想。

后来，他根据自己的亲身经历，写了一个剧本《推手》。这个剧本得到了基金会的资助，并获得了台湾的优秀剧作奖，奖金有四十万台币。可是，他为了自己的事业，把这些奖金全都投入到了电影中。

《推手》这部影片也使得他获得了金马奖等多个奖项，初露锋芒的他，从此获得了独立拍摄电影的机会。

之后，他拍摄了《喜宴》《卧虎藏龙》《色·戒》《断背山》《少年派之奇幻漂流》等诸多大片，成为了华人导演的代表。

李安的成功，有偶然，更多的是必然。因为早在出名之前，他就写了大量的剧本，构思了无数个电影情节。处女作《推手》问世时，他已经三十七岁了，这个年纪才拍出了自己的第一部作品，绝不是少年得志，也不是所谓的天才，他靠的就是自己的奋斗。

是的，再长的路，也要一步步走完。想着走捷径，一步跃上高楼，只怕还没跃上去，就会从半空摔下来。

要想成功，只有一步步来。

3 做最好的自己，才能遇见最好的别人

有一个故事，说的是一个年轻人去买碗的事情。

当时，年轻人看着琳琅满目的碗，不知哪个好，于是拿出一只碗去轻轻碰击其他的碗，结果听到的声音都很沉闷、浑浊。依次敲击，听到的都是这种声音，他很是不满，因为他知道，敲击时声音不清脆的碗，都不是质量很纯粹的碗。

于是他问老板：“为什么这里一只好碗也没有？”

老板问他：“你这种敲碗的方法是跟谁学的？”

他说，是家里一位长辈说的。

老板听了，从里面挑出一只碗，递给他："你用这只碗试试。"

拿着老板交给他的碗，重新一个一个轻轻敲击，结果每一只碗发出的声音都很清脆，这也就意味着，每一只碗都是好碗。

他很迷惑，问老板这是为什么。

老板笑笑说："因为你最初拿的那只碗是一只次碗。拿一只次碗敲击别的碗，就会发出浑浊的声音；如果是一只好碗，发出的声音就会清脆悦耳。"

年轻人感慨："我拿的是一只次碗才会遇到次碗，我拿的要是好碗，碰到的也就变成了一只好碗。"

这个道理，跟做人是一样的，只有你好了，对方才会对你好。反之，你不够强大，不够优秀，你就不会遇到更好的别人。

大学毕业后，霍青应聘到一家大公司，满心喜悦地去上班。她像妈妈教导她的那样，对每一个同事都微笑，迎合周围的每一个人。

每天，霍青第一个来到办公室，擦桌子，打扫卫生，给同办公室的两个同事沏好茶。她很辛苦也很努力，不敢对别人稍有大意，只要是同事吩咐的工作，她都好好完成，有时还加班加点帮助她们，不计报酬。

霍青很想融进办公室同事的圈子，为此，她听到她们正在聊的电视剧，便去恶补那部并不喜欢看的电视剧的剧情，只为想掺和进她们的谈话。

她还研究这两个同事的喜好，知道她们都喜欢雅诗兰黛的化妆品，就分别买了一套送给这两个同事，可是她们只是说了一句“谢谢”，就再也不理她了。

霍青很奇怪，可是，她不想被孤立，尽管两个同事不怎么喜欢她，她依然唯唯诺诺、巴结讨好。

这种情形持续了三个月，她依然没有和两个同事处好关系。

有一天，老板心情好，买了一盒巧克力分给大家，说大家这么辛苦，吃点甜品补充一下能量。

两个同事捧着那盒巧克力，吃了几块，又把剩下的装在自己的口袋里。最后，同事拿出仅剩的最后一块递给霍青说：“对不起，忘记你了，就剩一块了。”

霍青看着眼前那一块可怜的巧克力，觉得很难过。平时自己有了好吃的、好玩的，都很大方地与她们分享，她们对待自己为什么这么小气？难道是自己过于懦弱？还是自己太讨好她们了，失去了自己？

下班的时候，霍青和另一个办公室的经理恰好坐一辆车，这个经理感慨地对霍青说：“你做好自己就行了，不要太顾及别人。”

霍青很不解：“我已经做得够好了，我对她们处处讨好，可是，她们对我一直是冷漠无视。”

这个经理说：“做最好的自己，不是让你巴结讨好别人，而是做一个优秀的职员，等你工作做得最优秀的时候，才能遇见最好的人。”

霍青有点懂了，从此，她只按值日表做打扫卫生这类工作，她把心思全用在学习和兢兢业业的工作上。

她的工作需要做大量的表格，她尽量把表格做得比别人的清晰明白。她又自学了用 EXCEL 处理函数，还学会了使用职业化邮件。为了写好英文邮件，她又开始学英语。

在工作间隙，霍青经常拿着一本英文资料查英文词典，进行翻译。这样下来，虽然她的口语表达能力不是很好，可是用英文写邮件的水平有了质的飞跃。

办公室的两个同事每次都对她冷嘲热讽："你这么认真学外语，是不是想出国啊？"

霍青每次都淡然一笑。

有一天，霍青的英文才能被领导无意中发现，领导让她做一份呆滞物料分析报表，发给美国的总公司。

霍青花了一晚上完成了那份邮件。过了几天，她受到了老板的表扬，说她的邮件分析得很到位，英文也写得很流畅，美方公司很欣赏她的报表。

从这天起，霍青发现办公室里的两个女同事对待自己的态度改变了，当天中午她们就叫她一起去吃饭。两个同事还虚心请教，问她怎么学好外语。

霍青明白了，同事现在之所以忽然变好了，是因为自己变得优秀了。只有自己优秀，对方才会对你展示最温和、宽厚的一面。

这两个同事并不是坏人，相反，在她变得优秀之后，她们尽可能地表现出了自己热情、善良的一面。因为最初她不够优秀，只会巴结讨好别人，丧失了自己的底线，同事这才瞧不起她的。

是的，最初霍青很渺小，什么也不会，别人对她的讨好才不屑一顾。最初她不重要，所以别人才敢无视她。

在职场里，请记住，只有做最好的自己，才能遇到最好的别人。

4 靠山山会倒，靠人人会跑，唯有自己最可靠

有一只蜗牛，因为整天背着一个重重的壳，它对此很不理解，问妈妈："妈妈，为什么别的小动物可以没有重负、自由自在地行走，而我们却要整天背着这个重重的壳啊？"

妈妈说："孩子，不要羡慕别人，你要知道，别的动物都有坚硬的骨骼支撑它们的身体，而我们没有骨骼，如果我们不努力背着这个壳，我们就会受到伤害。"

小蜗牛又问："可是毛毛虫也没有骨头，也爬不快，它怎么不用背着个重重的壳呢？"

妈妈说："因为毛毛虫有一天会变成蝴蝶，它有天空的保护啊！"

小蜗牛还是问："蚯蚓呢？它也没有壳，也不能变成蝴蝶。"

妈妈说："蚯蚓有大地的保护，它受到伤害就钻到地里去了，而我们只能靠自己，所以才需要背着这个壳。"

小蜗牛终于明白了，它没有任何依靠，只有靠自己。如果它不努力背着这个壳，也许一个树枝就能把它压扁，而有了这个坚硬的壳，即使很辛苦、很劳累，可是毕竟能够生存下来。

是的，这个世界上，靠山山会倒，靠人人会跑，只有自己最可靠。

米娜是我的高中同学，从小她就是一个不被宠爱的孩子。在她很小的时候，她就知道自己的父母是养父母，因为亲生父母家境贫穷，正巧，养父母家多年没有孩子，所以父母才把刚出生的她送给了有钱的养父母。

可就在她来到养父母家后的第二年，养父母就有了自己的孩子，她从此就成了一位不受欢迎的家庭成员。她的弟弟可以跟着父母去饭店吃大餐，去旅游，她却只能躲在卧室里偷偷地哭。

养父母也跟她提起过她的身世，说只能养她到十八岁，她成年了就不再负担她的生活开支。

从此后，米娜开始十分努力地学习，每一次她都能考到全年级第一，拿到奖学金，然后把这笔钱悄悄地存着。

到了十八岁，她上了大学，用存下来的这些钱交了学费。为了生存下去，她又去兼职打工。她做过家教，做过护工，在医院里护理病人时，当她忍着恶心给不能自理的病人接屎接尿，她发誓要混出个名堂来。

大学毕业后，米娜进入了一家外企。靠着自己的努力，她一步步坐到了技术总监的职位。当她开着宝马车行驶在大街上时，她总

会想起自己一路走来的艰辛，是啊，她没有依靠任何人，完全是自强自立。

而她的弟弟，从小就没想过立志去努力，他没有经过奋斗就过上了花天酒地的日子。当父母生意失败，生活开始走下坡路时，他竟然把父母仅存的一点钱也挥霍殆尽。最后，这个弟弟因为长期吸毒染上了重病，不得不向米娜寻求援助。

在这个世界上，虽然人际圈是我们必须要看重的，可是，归根结底要靠我们自己去建立。没有人会在乎一个处处靠着别人蹭吃蹭喝的人，也没有谁会欣赏一个靠着拍马屁、走后门占据高位的人。

现实中，我们能依靠的，只有自己的努力。

纵观众多成功人士，他们都是通过自己的努力拼搏实现梦想的。也许你会说，他们有关系，要是自己的资源也这么丰厚，我也会成功的。可是他们的资源也是在努力的过程中一步步赢取的，不是天上掉下来的。

我认识一位著名编剧，经他编剧的作品大多数上了电视，他也是一步一个台阶走到今天这一步的。

上大学时，他学的是编导，因为家境不好，他就给一些文化公司写剧本、写小说。这里说的剧本、小说，是指影视公司已经拍摄完毕、准备投放市场的电影，需要出书宣传一下，就让作者照着剧本的大纲去写作。

他本来是个爱好文艺的青年，为了自立，不再花父母的血汗钱，他就开始认真写这些自己喜欢的文字。终于有一天，他接触到了影视公司，于是被安排写一些剧本。

他写的剧本热播后，他也终于有了人脉资源。他的作品后来被送到春晚舞台，由明星大腕来演。

他终于成功了。可是，在最初的时候，他要是不靠自己努力，最后还能获得成功吗？

在这个世界上，谁也靠不住，只能靠自己。山高水长，路途迢迢，不把希望建立在别人身上，我们一定要坚持自己的信念，要成为一个自主自立、坚强勇敢的人。

5 梦想，需要从自身实际出发

“谭木匠”的创始人谭传华从小喜欢写诗、作画，梦想成为一名诗人和画家。十八岁的时候，他在海里炸鱼时不小心炸掉了右手，成了一个残疾人。

正当他愁闷的时候，他在部队当兵的二哥转业回来了，并开始教他画画。谭传华虽然没有了右手，可是天资聪慧，学得了一手好画。

谭传华是一个好学上进的年轻人，他看了大量的书，会画画，能写诗，后来当了一名代课老师。

五年之后，在一次学习先进代表大会上，他被邀请上台讲话。一位校长看他残疾，不由感慨地说："一个残疾人真不容易，要是我都活不下去了。"

谭传华听了以后，大受刺激，立志要做出一番事业，不再让人小瞧自己，于是他便辞职去闯荡世界。

接着，谭传华怀揣着当一名画家的梦想，去全国各地闯荡。他想象着自己像女作家三毛一样，环游全世界，去体验另一种人生。

可是，现实与梦想总是有巨大的差距，他只能靠在街头画人像，每张收取两元的报酬维持生活。但这根本养活不了他，没有多少人喜欢这种"街头艺术"。

就这样闯荡了几年，他的艺术家梦想在生存的压力面前破灭了，他不得不回到老家，当了一名木匠，并且娶妻生子。这个时候，诗人和画家的梦想留存在了他的记忆深处，他现在唯一的目标就是活下去，让家人过上好日子。

之后，谭传华专心于做梳子，他精雕细琢，把普通木梳做成了艺术品，获得了广泛的销路。2010 年，谭木匠控股有限公司在香港上市，现在，谭传华在全国已经开了几百家连锁店，年产值上亿元。

这个曾经的街头艺人说起当年的梦想，依然感慨，好在如今他已经有了充足的精力和物质条件去写诗。他把诗经过十字绣加工后，装裱在自己的木梳店。他的画，也挂在了自己的店铺。当年的艺术家梦想，终于在若干年后得以实现。

梦想，一定不能好高骛远。像谭木匠那样，有了雄厚的资金后，再开始追逐自己的梦，也未尝不是精彩的人生。

前一阵，我加入了一个作家群，有一位诗人在群里说，要出诗集，还要求十万册的首印，10% 的版税。

对出版界有所了解的人都暗地里冷笑，现在的行情不是说你不能写诗，也不能说写了诗不可出版，而是就连知名诗人的诗集都受到了冷遇，更不要说不知名的诗人了。

在诗坛上，写得出名堂，能靠写诗赚钱的人真是寥寥无几。二十世纪八九十年代，随着北岛、顾城、海子等一批诗人的诞生，曾给文艺青年打了一针兴奋剂，可是时过境迁，那阵诗歌风刮过后，人们对于诗歌的热忱也冷淡了。

人总是要有梦想的，周星驰在电影里说："人没有梦想，和咸鱼有什么区别？"可是，梦想必须要切合实际，不能随便想个事就是梦想。

比如，一个差生可以梦想成为一名优等生，但是在这个过程中，他必须要经过从差生到中等生，再到优等生的转变，而一夜之间想成为第一名的梦想就有点不切实际了。

梦想要一步一步来，就像谭传华一样，最初他想环游世界做一名艺术家，可是在现实中碰壁后，只好放弃梦想，回家专心致志搞生产、做木工。倒是当他有了条件后，成为诗人和画家的梦想都实现了。

美国工业巨头福特很欣赏一名年轻人，想帮他实现自己的梦想。

他问这个年轻人希望得到什么，年轻人说的话让福特大吃一惊，他说他想得到一千亿美元，比福特当时的资产都多一百倍。

从此后，福特不再理会这个年轻人，觉得他过于不切实际。有一天，这个年轻人又找到福特，说自己的梦想是办一所学校，自己已经有了十万美元，还缺少十万美元。福特这才伸出了援手。

经过八年努力，这个年轻人的梦想实现了，他就是著名的伊利诺斯大学的创始人本·伊利诺斯。

梦想，要切合实际。早在远古时期，人类就梦想着飞上蓝天，但这个梦想在那时肯定不能实现，只有到了现代工业社会，才被人类付诸实践。

所以，梦想，要根据自己的能力大小，和当时的环境情况做出正确判断。也许，在实现了一个切合实际的目标后，才会有实现那个大梦想的可能。

6 所有的失败，都是因为半途而废

世事难料，风云变幻。生于这滚滚红尘中，我们都希望自己的一生绚烂多姿，在走到人生尽头的时候，能够回眸一笑，欣然地告慰自己曾经跋涉过的心。

如果这一生，能够活得洒脱，事业有成，家庭幸福，实在是一

大幸运。可是一切幸福，都来自于不放弃。

事业有成，需要我们坚持自己的梦想，活到老，学到老；家庭幸福，来自于我们对家庭无微不至地关照和呵护。

一切成功都来自于坚持，而失败往往是因为半途而废。

有这样一个故事：两只青蛙同时掉进了盛满牛奶的木桶里，一只青蛙划了半天，因为累得筋疲力尽，放弃了，最后也就被淹死了。另一只青蛙不停地划，坚持不懈后竟然把牛奶变成了“奶酪”，它最后挣脱出来，从而活下来了。

由此来看，这两只青蛙，一只因为没有坚持，最终死亡，一只因为坚持了，从而活了下来。

德国化学家李希比曾经做过这样的实验：把海藻烧成灰，用热水浸泡，再通上氯气，提取海藻里面的碘。他还发现，在残渣的底部有一些褐色的液体，他想当然地把这种液体归类为氯化碘。

几年后，法国青年波拉德也做了这个实验，但是他没有终止这个实验，而是深入研究这种褐色的液体。他判断，这是一种没有被发现的元素，最后巴黎科学院给这个新元素起名为溴。

这就是溴元素的由来。

当李希比看到波拉德写的《海藻中的新元素》这篇论文的时候，蓦然想起自己曾经也做过这个实验，他追悔莫及，如果他当时坚持研究下去，这种新元素的发现者就会是他了。

所有的成功都来自于锲而不舍的坚持，而所有的失败都与半途而废有关。

一个人在不被命运垂青的时候，容易怨天尤人，感叹自己生不逢时。可是，当他经历一些世事慢慢地成熟后，会觉得这个世界还是相对公平的，机会还是很多的。

而弱者之所以是弱者，不是命运没有给他机会，而是机会到来的时候，他没有把握住。没有为梦坚持过的人生，是不完美的人生。

我们既然有了一个目标，就应该不停地向着目标努力，并且坚持下去，这样就一定会采摘到属于我们自己的果实。

7 生气不如争气，抱怨不如改变

生气容易争气难。抱怨，我们谁都会。与其怨天尤人，不如扪心自问。

有人说，我们要赢在人生的起跑线上，可是，有的人一出生就位于制高点。他们活在蜜罐里，不用付出什么努力就可以出国留学，回来后成为海归，然后就能轻松地找个好工作。

而大多数人呢？他们只有不停地努力，不停地奋斗，才能勉强跑在前面。

我们也许会觉得老天不公，会觉得自己生不逢时，会觉得别人走的都是阳关大道，只有自己走在泥泞小路中，走在波涛风雨中。可是，那些看似衣食无忧的人，也有遇到坎坷、波折的时候。

曹雪芹从小生活优渥，中年流离失所，老年“举家食粥酒常赊”，即使如此，在困顿潦倒中，他还是倾尽心血完成了巨著《红楼梦》。

命运和时间一样，对于我们每个人都是公平的，关键在于我们能不能在遭遇逆境时争口气，能不能从抱怨声中清醒过来，能不能认真地去规划未来……

冯凯是我弟弟的哥们儿，弟弟从小就羡慕冯凯家境优越，冯凯的一个书包比弟弟的自行车都值钱。

在我的印象里，冯凯就是个贪玩的男孩，喜欢打桌球，喜欢玩游戏。苹果手机刚进中国的时候，他就拿着几部要送给好哥们儿和老师。当然，冯凯不是为了让老师给自己开小灶，而是为了更自由地出入校园去玩。

从幼儿园到中学，冯凯一直上的是最好的学校，他凭着一点小聪明，学习成绩一直处于中下游。家庭给了他需要的一切，他不用为了生活而奋斗。他的日子在同学看来，很是潇洒。

直到有一天，命运来了一个大转弯。冯凯父亲的公司由于资金链断裂而倒闭，冯凯爷爷奶奶的股票也被变卖，抵押了债务。

冯凯第一次看见大人哭——他躲在卧室里，听到父亲在电话里呜呜地哭，向朋友借钱，可是得到的回答永远是“对不起”。

冯凯觉得这个天真的坍塌了。

接下来的日子，他们变卖了所有值钱的东西，搬出了自己的房子，一家人挤在一个不足十五平方米的廉租房里。

以前，家里是红木地板，现在是水泥地；以前，洗澡用的是宽敞的浴缸，现在只有简单淋浴；以前，他自己有一间宽敞的卧室，现在只能放一张单人床……

命运转变得太快了，还没弄明白是怎么回事，冯凯就开始了贫困潦倒的生活。他知道，他再也不能随便花钱了，再也不能享乐了。他每天吃着咸菜和馒头，想着以前想吃什么都应有尽有，现在这种光景什么时候才是个头啊！

父亲找冯凯谈话，严肃地说，最开始的打算是让冯凯出国留学几年，哪怕是上个三流大学，也可以镀镀金，回来了好找工作——可是现在的情况，家人已经没法实现这个愿望了，只能随他的便，能上哪个大学就上哪个大学，如果考不上大学就得去打工。

那一天，冯凯哭了一个晚上。他给爸爸写了一个字条：“爸爸，请您记住，总有一天，我们还会住进大房子的。”

从那天起，冯凯就跟打了鸡血一样，每天早晨五点起床，背诵从来没有背过的英文课本。因为基础差，尽管他很努力，成绩依然不是很理想。可是他没有动摇，冬天天气冷，早晨他穿着一件单衣，在外面跑步，等完全清醒了再去背英语。

那时候，和他做伴的只有清洁工。

清洁工阿姨很奇怪，她看着这个男孩每天一大早就出来，穿着单衣在雪地里背单词——可是只有他自己知道，他内心有怎样的痛苦。

在学校，课间十分钟，上厕所的人多得要排队，为了节约时间，他每次都在临上课前三十秒去上厕所。

晚上回到家，在进门之前，他要求自己把所有的功课在大脑里背诵一遍，如果背不下来，他就一直站在门口背。有一天，妈妈看到很晚了儿子还没回家，就出门去找他，没想到冯凯就在家门口一直默记单词……

每个夜晚，冯凯都会把白天做过的数学、物理等试卷再做一遍，因为以前底子薄弱，他得重头学起，然后就慢慢地会做一些简单的试题了。后来，他又要求自己用最快的速度去完成一份试卷，本来要用一个小时完成的，他要求自己用半个小时完成。

冯凯的努力终于有了成效，在一次考试中他考了全班第三名。这个名次对于一个曾经吊儿郎当的学生说，是很不容易的，可是老师认为他是作弊才得到的。为了还自己一个清白，下一次月考，他要争取第一个交卷……

经过地狱般的磨炼，高三的时候，冯凯已经拿到了全年级第一名。高考后，当高考成绩公布的那一天，他们一家人相拥痛哭——现在，他的分数可以让他进入任何一所高校。

冯凯大学毕业后，又顺理成章地进入一家外企工作，他通过努力工作一点点替家人还着外债，最终一家人又重新住进了大房子。

冯凯的父亲一直保留着儿子写的那张纸条：“爸爸，请您记住，总有一天，我们还会住大房子的。”

我们每个人，都会有生气、抱怨的时候。但是，生气、抱怨解决不了问题，在失魂落魄的日子里，保持奋斗的心境才是必须的。

生气不如争气，抱怨不如改变，改变就从今天开始，你准备好了吗？

8 在你做梦的时候，有人却清醒地努力着

有一对双胞胎兄弟在同一年一起考大学，哥哥如愿以偿考上了不错的大学，弟弟因为两分之差没有考上。得知高考成绩的那一天，弟弟把自己关在小屋里，不吃不喝。

妈妈对哥哥说："你弟弟也很聪明的，要不……"

母亲的意思是，让哥哥把通知书给弟弟，让弟弟去读书。从小到大，吃的玩的哥哥都是让弟弟先来，这一次，哥哥看着弟弟痛苦的样子，他下了很大的决心，把自己的通知书给了弟弟。

弟弟去上学了，哥哥去了附近的工厂上班。工厂的机器噪声太大，他就下决心要研制一种噪声小的机器。

每当空闲的时候，他就从厂图书室里找来相关机械书籍，一本一本地研究。他终于找到了原因，把自己的改造方案递交给了领导，领导很赏识他的才华，采用了他的方案。

改造方案被实施后，车间里的噪声小了很多。然后，他被调到了科研室。他没有循规蹈矩，觉得自己还应该设计一套减少排污量的方案。于是，他下决心搞研究，终于设计了一台不污染空气的

设备。

此后，他得到了领导的重用，成为工厂的二把手。

而弟弟上了大学后，及格分数成了他的标准，他不再用心学习，而是把时间都用在了追女生上。他也知道自己家里条件不好，就依靠甜言蜜语找了一个家境优越的女孩，梦想一步登天。

女孩也不在乎钱，整个大学期间，两人不是去咖啡厅喝咖啡，就是去滑冰场玩，要么就是去看电影。

就这样玩了几年，毕业后，女朋友觉得他没钱又没有一技之长，现实的压力让女孩子清醒过来，这个女孩马上就抛弃了他，找了一个门当户对的青年结婚了。

弟弟没有办法，只好四处找工作。

终于有一天，他去了一家企业应聘，面对面试官提问的专业知识，他根本答不上来。就在他准备离开的时候，哥哥出现了，原来哥哥现在就是这家企业的老板。

哥哥痛心地问："当别人在努力的时候，你在干什么？"

如果你足够优秀，可以越过门第，赢得社会地位。这个世界不会抛弃你，工作、车子、房子，不单单是给土豪、富二代准备的，更多的是给肯努力肯追求的人准备的。

就如同上文中的弟弟，他的人生本来有一手好牌，却被他打成了烂牌；而哥哥手里本来是一副烂牌，可是他不断拼搏，最终打出来一手好牌，赢得了美好的未来。

不要抱怨你的家境，说你没有拼爹的资本，事实上，在命运和机会面前，我们每个人都是均等的。因为时间对于我们都是公平的，老天不会给有钱人更多的时间，也不会因为你的贫穷而少给你几天时间。

在时间的起跑线上，我们没有什么可抱怨的。

王晨和李伟在中学时是好朋友，他们所在的高中是全省重点中学，大家都说只要进了这所高中，90% 的学生都会考入一本大学，另有 5% 的学生会考入清华北大等名牌大学。

他们两人在初中的时候都是班里的优等生，成绩在年级前五名里，可是进了这所重点高中后，他们的成绩不像初中时候那样辉煌了。因为这个学校的好学生太多了，人家的智商和学习能力都是出类拔萃的。

在高一的时候，他们依然努力学习，但成绩在班里仍然排在了倒数十名之内。

王晨很快就失望了，他想，怎么学都是倒数十名，这个成绩简直太丢人了。他整天生活在失望和埋怨里，对自己没有了一点信心，以前的优越感荡然无存。后来他学会了玩游戏，把精力全都用在了游戏上面。

李伟却开始反思，自己是不是哪里不对了？是不是学习方法不对头？他也觉得自己已经够努力了，成绩却这样不理想，那以后还努力不努力呢？

他想了想，还是得学啊，不要老想着过去的成绩，即使目前是个差生，只要努力就行了。

于是，他依然坚持学习，不去考虑排名了。没想到的是，在又一次考试的时候，他竟然进了前二十名，到了高三，他已经考入了年级前十名。而他的朋友王晨，却自暴自弃，一直在游戏的王国里游荡。

高考前的几个月里，王晨的成绩已经滑到了倒数第三名，他依然沉浸在游戏里，而李伟仍然在全力以赴。高考的时候，王晨不出所料没有考上本科，只考上了一所专科学校，而李伟却出人意料地考上了北大。

当你做梦的时候，总有人在努力。

人在低谷的时候，努力就成了一种姿态。所有努力的人，都是在默默地耕耘，他们不会大声宣扬。而一直在做梦的人，当梦醒的时候，也是努力之人圆梦的时刻——那时候，做梦的人才会知道时间的公平和宝贵。

9 当你无路可退，一定要勇敢面对

我有一个远房表姐，在南方的一座城市居住。

表姐是我们家的励志传奇，母亲经常用她的故事鼓励我："当生活把你逼到了一个死角无路可退的时候，你一定要勇敢面对。"

表姐的父母，也就是我的舅舅和舅妈在当地开着一家蚊香厂。

当时的蚊香厂可以说是驰名全国，因此家业还算庞大。

他们家里常年雇着一个保姆——王嫂。王嫂是一个勤快人，就是命不太好，早年因为丈夫嗜赌离了婚，自己拉扯着两个儿子。王嫂出来打工后，就把儿子留在了老家让老人带。

舅舅和舅妈都心善，自从王嫂来到家里后，见她可怜，就一直没有换保姆。每年赶上过年，他们还给王嫂红包和一些礼品。

王嫂每次都感激涕零，她说带着这些礼物回去看儿子很高兴，因为儿子从来没吃过这些好吃的。

表姐有个哥哥，兄妹俩都很优秀。表哥大学毕业后在家族企业管理财务；表姐在读大学的时候成绩优异，而且还有一个对她很好的男友。一家人和和美美，幸福快乐。

谁知天有不测风云，表姐在一次车祸中失去了双腿。虽然舅舅家里有钱，给表姐安装了假肢，可是表姐走路的时候还是不能像正常人一样了，而且很不方便。

表姐从此开始郁郁寡欢，并且主动和男友分手了。她整天把自己关在小屋里，不吃不喝，五天后她才出来，请了长久的病假，从此也不上大学了。

王嫂的大儿子很争气，大学毕业后，在本市做了一名公务员；小儿子也在读大学，据说成绩很好。两个儿子经常来舅舅家看母亲，也会带礼物给舅舅和舅妈，因此两家人关系很好。

走动的次数多了，王嫂的大儿子就对表姐动了心。舅舅和舅妈开始时有些犹豫，因为两家的家境相差很大，虽然表姐是残疾人，可是以后继承的家产庞大，还是要慎重考虑。最后，舅舅和舅妈决定尊重表姐的意见。

得知表姐同意后，舅舅和舅妈也都同意了这门亲事。可是王嫂却不同意了，她闹着要回老家，说不干了。

舅妈问王嫂，是不是嫌弃表姐是残疾人？王嫂说，有这个原因，还有个原因是，觉得表姐那样的女孩子不能吃苦。

舅妈听了很难过，却不能强求。就这样，表姐又变成了单身。

我以为表姐会变得更加抑郁，毕竟这是第二次打击，不料表姐这次却从容了许多。她说："我要上学去。"

此后，表姐戴着假肢又去上学了。

在学校里，她把所有时间都投入到了学习上。因为腿脚不便，学校同意她可以不按时上课，只要天天来点个名就行了。可是表姐不干，她每天都风雨无阻地来到学校，晚自习后她才给司机打电话，让司机来接她回家。

后来，表姐索性连司机也不叫了，她住进了学生宿舍。实际上，学校对她的要求并不严格，允许她回家走读，可是她偏偏要自立起来——每天，她一样端着脸盆去水房里接水，自己洗衣服。

虽然她身体很不方便，可是，她用所有的勇气接纳了自己的残疾，她要让自己像个正常人一样生活。半年后，她已经锻炼得能自如地上下楼梯了，也能独自去食堂打饭了。

后来，表姐又开始备考研究生，每天早晨五点就起床了，然后就去校园里晨读。在林荫小道上，她一遍一遍地背着英文单词。回到宿舍后，她又开始一遍一遍地做考研题。

考研结果公布，她得知自己被录取后，那一刻，她哭了。

舅妈想让表姐去家里的企业上班，并且说有很多公司元老想把自己的儿子介绍给表姐，表姐却拒绝了。她没有选择去恋爱，也没有去家族企业上班，而是去了国外。

准备出国的时候，舅妈哭了，说："你一个残疾人，去了国外怎么生活？"表姐却一意孤行，研究生一毕业，就选择了去国外深造。

表姐现在在美国一家金融公司工作，每个星期都去做义工。美国有很多孤寡老人没有钱找保姆，在表姐的照顾下，他们重新获得了健康和欢乐。表姐说，自己现在活得很充实、很幸福。

生活将表姐逼上了绝路，而她在看似无路可走的时候，选择了勇敢面对，终于绝处逢生，而且后来的生活过得异常精彩！

第四章

如果你的灵魂无处安顿，那就从心底生长出一片天地

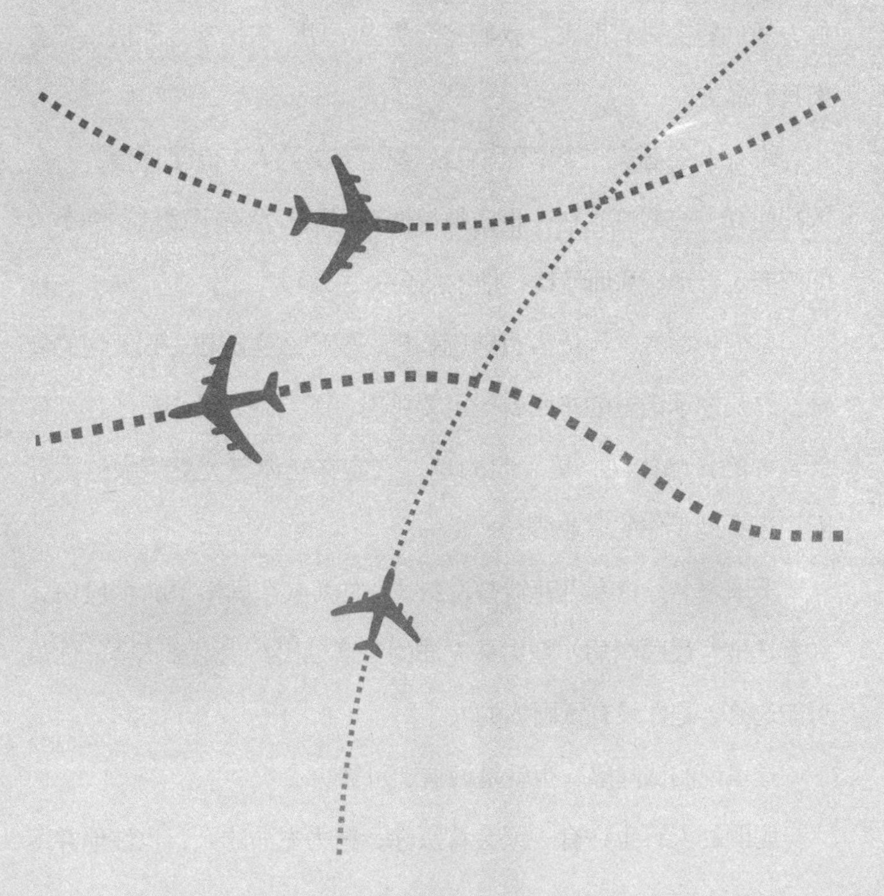

1 永远与最诚信的人并肩作战

诚信，是一个人最大的财富，这一点毋庸置疑。

人生天地间，可以不漂亮，不聪明，不富有，但唯有一点品质一定要具备，那就是诚信。诚信是一个人立世的根本，没有了诚信，我们将会没有朋友，我们将会失去一切，包括幸福和快乐都会离我们远去。

没有人会喜欢一个两面三刀、背信弃义的人。有了诚信，一个人即使有一些瑕疵，别人也会觉得情有可原；没有了诚信，一个人即使能言善辩、八面玲珑，他依然会失去人心。

有一句话说，玩什么也别玩心机，耍什么也别耍心眼。说的就是，只要你承诺过的东西就一定要兑现，不要跟人动心机。这不仅仅是你的人品体现，更主要的是，它能够让你建立更广大的人际圈，还有助于你的事业成功。

美国著名投资商巴菲特曾说："让你买某个同学 10% 的股份，你会选谁？最聪明的？精力最充沛的？富二代？我想都不会。你最可能选的，是你最有认同感的人。"

这里说的认同感，也就是诚信、可靠。

聪明的人，也许有一天会背叛你；精力充沛的人，也许他并不重视你；那些富二代也许玩世不恭，让你又不放心。

只有最具有认同感的人，才能够让你心甘情愿地把钱交给他进行投资，即使是输掉了本钱，你也输得明明白白，因为他不会欺骗你，会和你一起渡过难关。

巴菲特的这句话，让我想起了一位资深编辑经历的一件事。

该编辑在图书行业工作多年，和各种各样的作者打过交道，最后他总结说："出版社在遴选作者时，遇到给什么样的作者出版的问题，我的原则是只找可靠的作者。"

这位编辑之所以这么说，是有原因的。

有一年，他们费尽周折，拉来了一位有名气的作家，要给这位作家出书来拉动本社的效益。作家当时要求上百万元的稿费，他们同意了。结果，这位作家拿了几十万元的预付款后，根本没心思写书，整天做访问、去演讲、参加各种评奖活动。

作家交不了稿子，拿去的预付款也不给退，让出版社蒙受了巨大的损失。如果打官司，又要损耗精力，最后他们只得终止了和这名作家的合作。

得到教训后，他们决定找一些不出名的作者约稿。

这位编辑拟定了一个选题，让一位文笔很好但不太出名的作者写了样章。但是在给出版社领导申报选题的时候，这位作者觉得事先说好的稿费有点低，于是就暗度陈仓给另一家出版社也投了稿。

另一家出版社多出一千元稿费买下他的选题，于是还没等这边的编辑签字，作者就再也不理人了。

选题被另一家出版社拿走，让编辑大为恼火，可是又毫无办法。

通过这两件事，这个编辑说，以后找作者只找诚信的作者，别的都是次要的。

可见，诚信是一个人立世的根本。

一个诚信的人在自己得到利益的时候，他会遵守合约，把利益与别人分享；而不诚信的人，只要自己得到了利益马上就露出贪婪的嘴脸，立刻踢走合伙人，独享胜利的果实，这样的人未免让人心寒。

巴菲特说："现在再给你一个机会，让你卖出某个同学 10% 的股份，你会选择谁？你会选那个成绩最差的人么？不一定。你会选那个穷二代么？也不一定。当你经过仔细思考之后，你可能会选择那个最令人讨厌的人，不光是你讨厌他，其他人也讨厌他，大家都不愿意和他打交道。因为此人不诚实，爱吃独食，喜欢耍阴谋诡计，喜欢背后说人坏话，喜欢过河拆桥、落井下石等，然后你把这些坏品质写在那张纸的右边。"

曾经看到这样一个故事，说的是一对好朋友，一个叫聪明，一个叫诚信。一天，他们一起去大海里乘船游玩，结果遇到了风暴，救生艇上仅仅有一个人的位置，于是聪明就把诚信推进了海里，自己逃生去了。

诚信喝了不少海水，大难不死，被海浪推到了一个小岛上。他在等待救援的人来，不久看到远处驶来了一艘小船，小船上有一面旗帜，上面写着"快乐"二字。

诚信赶紧叫住快乐："快乐，请救救我！"

快乐笑道："我要是被你拴住了，我就不快乐了，你还是找别人去吧。"

快乐走后，地位又来了。诚信又向地位求救，地位说："我的地位来之不易，要是救了你，我的地位就保不住了。"

这时候，竞争的小船驶来了，诚信向竞争求救，竞争也拒绝了诚信："你不要给我添麻烦，现在竞争这么激烈，我要是管了你，就竞争不过别人了。"

就在诚信快绝望的时候，时间老人驾着小船来了，他救了诚信。诚信问时间老人："你为什么要救我啊？"

时间老人微笑着说："只有时间才能证明，诚信是多么可贵的品质。"

在回去的路上，时间老人指着大海里因为巨浪拍打而翻船落水的聪明、快乐、地位、竞争，意味深长地说："没有了诚信，聪明反而会害了自己，快乐也不会长久，地位是虚假的，竞争也会失败。"

这个故事反映了一个深刻的道理：世间没有什么比诚信最值得拥有的了。你诚信了，聪明才不会被聪明误，才会有永久的快乐，才会赢得地位，才能在竞争中胜利。

2 如果你觉得不够幸福，那就努力提高自己

这是我一个女友的故事。

前几年，我曾为期刊杂志写过几年专栏，也经常参加笔会、座谈会、采风、文友聚会之类，于是，我认识了同是作者的几个朋友。

认识小烟的时候，她才二十几岁，是一个美貌有才的女子。她有着古典的容貌，写出的文字也跟锦绣一样华美绚丽。那时候她在一个杂志社当编辑，经常会用我的一些时评稿子，所以聊得比较多。

小烟跟我聊过她的身世，她的父母是农村人，家境贫穷，姐妹七个，她是老小。而小烟的大姨嫁给了城市郊区的一个个体户，家境很好。因为大姨没有女儿，小烟的母亲索性就把小烟过继给了姐姐，只为了让小烟以后有条件好好读书。

小烟在大姨家过的日子确实很优渥，大姨还给她买了钢琴。像其他城里女孩一样，小烟接受了良好的教育和培养。

只是在金钱上，大姨一再告诫小烟，让她不要奢望继承家业。而大姨家的表哥也不喜欢她，生怕她以后会鸠占鹊巢。

小烟在这种环境中长大，所以对金钱很渴望，她希望结婚后自己依然能够过上等人的生活。可是现实是残酷的，大学毕业后，她先是在一所学校当了半年教师，后来因为喜欢文字，去了一家杂志

社当编辑，再后来就结婚了。

老公的家庭条件不错，人也长得高大帅气，外表上和小烟很相配。可是这个男子自身能力很差，在当地农业局上班，工资也就两千多，他是依靠父母的余荫才住上了别墅。

而婚后，小烟没再工作。

公婆因为小烟的大姨家没有兑现婚后买车的承诺而耿耿于怀，对小烟也就不冷不热。两个年轻人都是小孩脾气，老公受到家长的怂恿，看不起小烟，小烟也心高气傲，一气之下就离了婚。

第一场婚姻就这样结束了。之后的婚恋选择也是一波三折，她总是找不到符合自己条件的男士。

小烟对爱情、婚姻失望了，为了排解自己的悲伤，她根据自己的经历写了一部长篇小说。她的小说出版后，受到了投资商的青睐，于是请她做编剧。

小烟用了两年时间打磨这个剧本，这两年，她忙得没有心思谈恋爱。因为是第一次写剧本，所有的桥段和情节都要从头学起，有时候好不容易写完一集剧本了，制片人却看不中，让她再修改。

有一个晚上，小烟把修改了三遍的剧本给制片人看。制片人要她推倒重来，说是有些桥段被别人用滥了，不能再写。

小烟感觉将要崩溃，她恨不得马上就甩手不干了。

那天晚上，她索性放下剧本，开始刷微博。后来她进入了一个知名编剧的微博，那大咖说，想不出故事来，撞墙啊撞墙。

这个大咖为了显示自己的幽默，还真的发了视频，在墙上做着撞墙动作。表情虽然夸张，可是那种感受，小烟是明白的。

看到知名编剧写东西也这么费劲、劳神，小烟释然了。她想，先努力写好这个剧本，写好了才能拍摄才能播，播了以后自己才有前途。于是她进行了第四遍修改。

这个剧本完成后，她挖到了生平第一桶金。

此后，她继续在编剧这个领域耕耘。由于上一个剧本经拍摄播出后反响不错，其他投资商也看中了她的文笔和潜质，继续让她写剧本。

如今，小烟做编剧的收入已经有了几百万元了，足可以衣食无忧，再也不用愁着将自己的幸福建立在嫁给什么样的男人身上了。

今天的她，已经得到了该有的一切，包括爱情、家庭、事业。

她对我说："女人，不要把幸福寄托在别人身上，也不要期望男人给你带来一切。如果有一天，你为了得不到一份理想的爱情而伤心，那么，就请你忙碌起来。这世上解决不幸福的办法有很多，提高自己就是一种。"

是啊，如果你觉得自己不够幸福，就请你努力提高自己吧。

在这个过程中，幸福自然而来。

3 向着成功奋起直追

为什么我们一定要成功？

每个人都渴望成功——成功，能给我们带来荣誉、地位以及优裕的物质生活。成功了，我们才能够活得更为潇洒，不再为了平凡琐事蝇营狗苟，而能够专注于自己喜爱的事业。

成功是一切梦想的前提。

的确，成功对于每个人来说都很宝贵。一生不成功，默默无闻，成绩平平，这样的人生不是我们所欣赏的。我们欣赏的是惊天动地之伟业，我们欣赏的是拔地而起的巍峨与豪迈。

五千年前，黄帝和炎帝合力打败了蚩尤，所以我们称呼自己为炎黄子孙。反过来，如果是蚩尤胜利了呢？可能今天我们的称呼就要做一番更改。

就连历史都厚此薄彼，胜者王败者寇，何况是世俗中的我们？

追逐胜利的桂冠是人类的本能。只有成功了，我们才可以独步天下，笑傲人生。

超越自己，战胜自我，品尝胜利后的喜悦，才是幸福与圆满。

马云成功了，他为人们诠释了这样的道理：只要有勇于面对困境、坚韧不拔的精神，才能颠覆命运给你的不公，才能让你伟岸地成为众人的偶像。

我的一个朋友，曾有过几年潦倒不堪的日子——她是个单亲妈妈，还下岗了，独自抚养儿子。那时候，她在肯德基做过保洁，在五星级酒店擦过马桶，在网吧的门口看过自行车……

她含辛茹苦，人们看她的眼神里充满了怜悯。

可是，怜悯又能值几个钱呢？人们只是同情她，但没有几个人真正肯帮她一把。事实上，这个世界上，我们谁又能指望别人的救济过一辈子呢？大部分人都得自力更生。

这个朋友在艰苦的岁月里苦苦思索着挣钱的门路，终于有一天，她觉得做婴儿用品应该有销路，于是她从最基础的知识学起，靠着书本和网络视频，学会了做尿不湿，纸尿裤，婴儿睡袋……

接着她开了一个网店，最初没有多少生意，后来听人说，要想在网上挣钱，就得开网上直通车。这是需要花钱的，她犹豫不决，不敢下手——她不想将含辛茹苦挣来的几个钱打了水漂，万一这事失败了呢？

在最困难的时候，一个开矿发了财的亲戚，想投资点别的行业，听说她开了一个网店，就想试试看。于是在这位亲戚的投资下，她的网店开通了直通车等推荐频道。“双十一”那天，她成交了一百多万元，盈利几十万元，一天就成了富婆。

这位贫寒起家的单亲妈妈彻底打了一个翻身仗，她成功了，人们看她的眼神充满了羡慕和敬佩。她也彻底摆脱了“单亲妈妈”的头衔，人们开始称呼她为女强人、女商人。

所以，我们身在尘世，就要遵守这个世界不成文的规则：成功了，才有人仰视你，没有成功前，很少有人会尊敬你。因为在大多数人的意识里，会认为只有成功者才有资格说“功名利禄不过是过眼烟云”这句话。

“脑瘫诗人”余秀华没有成名前，处处受打压。由于独特的个性，她招惹了众人的不满，她所在的论坛也容不下她，把她踢出去了。而她一夜成名后，作协也来了，记者也来了，甚至市作协副主席的头衔也落到了她的头上，纯文学刊物上也开始发表她的诗作了。

这就是成功和不成功的区别。

朋友，成功在向你招手，你只有一直向前，一直努力，才能摘取成功的桂冠。即使有一天，你没有取得成功，你倒下了，你也可以对着远处的“成功”说：“我追求过，我无怨无悔。”

4 适当的自卑，也能使人进步

我们都听说过“虚心使人进步”，而自卑怎么能使人进步呢？

其实，人在潜意识中的自卑，往往是人们进步的源动力。

“我不如别人，我自卑，所以，我不停地努力。当年从郑州到国家队的时候，没有一个人肯定我，他们全说一米五的我打球不会打得怎么样。为了证明给他们看，我发了疯，每天都比别人刻苦，我知道我的个子不如别人，别人允许有失败的机会，我没有，我只能赢，所以我打球凶狠，那都是逼出来的。

“后来我成功了，别人又说我没有大脑，只会打球，于是我发疯地学习，英语从不认识字母到熟练地和外国人对话。我不比别人聪明，我还自卑，但一旦设定了目标，绝不轻易放弃。什么都不用解释，用胜利说明一切！”

这段话是多次获得过世界冠军、得过四枚奥运金牌的邓亚萍说的。

退役后的邓亚萍选择了学习，正因为自卑让她痛苦，痛苦催她奋发。自卑让她对自己下狠手，她严格要求自己，她终于成功了。

“不经一番寒彻骨，怎得梅花扑鼻香。”一个人如果总有一种小富即安、安于现状的心态，也许会过得比较惬意，可是，一个人如果怀有“远不如人”的心态，更有可能成就大业。

有这样一个故事，说一个人奋斗多年后，终于成就了一番事业，在海边买了一栋别墅，打算安享晚年。这时一个渔翁却告诉他：“我和你是一样的，同样是吃海里的鱼，呼吸大海边的新鲜空气，享受日光浴……”

这个故事貌似在告诫人们“平淡是真”的道理，好像是说经过努力之后获得的幸福感与普通人是一样的，但其实这都是安慰那些懒人的。

当你努力后，可以用自己赚的钱心安理得、无忧无虑地游遍大江南北，这在本质上与一个流浪汉是不同的——虽然后者也在浪迹天涯，却要为了一日三餐而发愁。

不同境界的幸福，只有到达这个层次的人才能体会到，只有超越了物质生活的羁绊，才能够体验到更多的心灵自由。

美国著名心理学家马斯洛认为，人的需求可以分为五个层次，即生理需求、安全需求、社交需求、尊重需求和自我实现需求。

马斯洛还认为，人在某一层次的需求得到满足后，更高层次的需求才会出现。

从这个观点来看，我们的自卑感是不断向上延伸的。当我们到达了某一个阶段，就会出现新的期望，这种期望因为要历经困难才能实现，所以会让我们产生自卑和忧虑。

当一个人一直在追求物质生活的富足时，有一天他达到了这一阶段，不再为物质生活发愁了，就会走向另一个阶段。我们应该顺应自己的追求，不断跨越自卑，然后不断进步。

自卑与不满足甚至引领着人类文明的进步。

在各大电影节颁奖礼上屡屡“称帝”的香港演员梁朝伟，在他小的时候，父母离异，妈妈独自拉扯他和妹妹长大，生活非常清苦。

梁朝伟当过报童，卖过电器，做过会计，一直非常自卑。可是自卑并没有让他困顿不前，而是让他对于生活有了更深刻的了解，以至于后来在电影中塑造了无数令人难忘的经典人物形象。

弗洛伊德的学生阿德勒因为驼背，对于自卑有深刻的认识，弗洛伊德对自卑的解释，在他这里得到了深层次的拓展。

自卑情结也是阿德勒提出的著名心理学术语。

阿德勒认为，自卑是人人都有的，所有不完整、不完美的感觉、感受都会让人形成自卑感。而自卑感会促使人们不断寻求优越，对一个人的成长而言，起着一种持续激励的作用。

而一个人如果因为自卑而失去信心，表现出退缩的状态，其自卑情感就无法起到激励的作用。

这就是阿德勒说的“自卑情结”。

作为弗洛伊德最主要的弟子之一，驼背且自卑的阿德勒，后来成为了继承弗洛伊德在自卑理论研究方面最成功的人。

今天，我们在心理学教科书上看到的自卑情结这一学术名词，一般都直接署名阿德勒，而非弗洛伊德了。

姚明在大众的印象中是一个非常阳光的篮球巨人，可是童年时期的他却很自卑，因为长得远远高于其他孩子，吃得也比别人多。他跟小朋友打了架，人家到家里来告状，爸爸妈妈想，他个子那么高一定是他欺负了别人，于是就不由分说地批评了他，结果后来一问才知道，原来是别人欺负了他。

当他刚进入上海男篮青年队的时候，教练说他不适合打球，而且连队友们都不愿意把球传给他，因为他接住球后不会运球，对手很容易就从他手里把球抢跑了。那时，姚明的篮球变速跑成绩是 32.15 秒，这对职业篮球运动员来说意味着不及格。

但姚明并没有被自卑打败乃至一蹶不振，而是不断地拼搏，努力，最终，他站在了职业篮球运动员的最高殿堂——NBA。

如果你正在因为自己的不足而自卑，那么，就去努力跨越这个自卑点，当你跨越过去的时候，你就到达了人生的另一层境界。虽然在另一个层次，你可能还会出现自卑，但是继续不停地向前超越，你就会看到最美的风景。

5 唯有奋斗，不可辜负

简姨是我的一个邻居，二十世纪九十年代在一个工厂上班，和一位离休老干部的儿子结了婚。

虽然简姨所在的工厂效益不太好，工资收入微薄，可是公婆的待遇不错，爱人还是独子，又在国企单位上班，所以说，她家的日子在那个年代的人看来，还是很好的。

简姨的不幸发生在她三十三岁时，那一年家里的小保姆意外怀孕了，她控诉是简姨的爱人干的并且告到了法院。接着，简姨的爱人被判了刑。

生活，忽然间天翻地覆。

当时，简姨的女儿才十岁，她想过离婚。可是就在此时，公公和婆婆因为儿子的丑事气得心脏病复发，接着她也下岗了。

如果离婚，第一，公婆没人照顾；第二，孩子怎么办；第三，也是最重要的一点，正是靠着公婆的工资，自己才不至于颠沛流离，现在下岗了，没有了经济来源，生活怎么办?

简姨与公公婆婆住的是部队干休所的家属大院，由于爱人的事情，他们一家人出门都得面对众人异样的目光。公婆为此深居简出，即使上街也得戴着口罩。

简姨想出去打工，可是公婆身体有病，女儿幼小，不能丢下不管。

在这种家庭氛围里，处境尴尬的她，觉得生不如死。

一天晚上，简姨准备好了安眠药，她真的不想活了。在自己的卧室里，她看着窗户外面皎洁的月亮，泪如雨下。她想，世界上有这么多条路，怎么就没有属于自己的那一条?

就在她拿着安眠药准备放进嘴里的时候，她看到了桌上的一摞书本，那是她在工厂效益不好时，为准备考会计证而购买的资料。她想："难道真的不想活了吗？难道生活就永远没有奔头了吗？如果生命换一种活法，会不会起死回生？"

简姨把药片扔进了下水道，在桌上郑重地刻下一句话："奋斗吧，也许生命会重新开始！"

从此后，简姨把心思用在了成人会计自考上。她刻苦而努力，每天送女儿上学回来，安顿好公婆后，就伏在桌前，看那些对她来说晦涩难懂的书本。一遍看不懂，她就看第二遍……

当她全身心沉浸在学习中时，她才会忘记痛苦。而一旦回到生活里，面对人们异样的眼光，无论那眼光里是同情抑或轻视，都会让她的心滴血。现在，只有学习，才能拯救她痛苦的灵魂。

简姨的努力得到了回报，她终于从普通会计一步步考到了注册会计师。此时，她的女儿已经上了高中。但是公婆的身体也越来越差，为了照顾公婆，她在附近单位找了份会计工作，渐渐融入了社会。

可是，她心里的雾霾依然没有散去。

公婆看到儿媳憔悴的面容，心中深感内疚，一向节俭的二老这一次用全部的积蓄为儿媳在北京买了一套房子。他们把钥匙交给儿媳时说："这房子是你的了。这些年你受苦了，如果你愿意离开这个家，就离开吧。"

简姨去了北京。由于有注册会计师证书，她很容易就找到了工作，虽然最初的工资只有几千元，但由于她扎实的能力，很快工资就涨到了上万元，并且当上了部门主管。

后来，简姨把公婆接到了北京和自己一起住，此时她的女儿也已经考上了北京的大学。离开了旧日的环境，简姨的脸上显现出了红晕。

在北京生活了三年，公婆因病相继去世，爱人也即将刑满释放。简姨用自己在北京拼搏来的积蓄交了首付，买了一套小面积的房子，永远地搬出了这个家。

当爱人回家后，看到放在桌子上面的离婚协议以及写有他姓名的房产证，他知道，她已经重新开始了。

简姨依然住在北京，她在工作中得到了部门经理的欣赏，两个人萌发了感情。如今，简姨已经和这位在北京有房有车的男士结婚。她的女儿大学毕业后，也在北京工作了。

简姨现在生活得幸福而快乐。每当月圆时节，简姨便会想起多年前那个夜晚。她说，奋斗真的可以改变命运，在生命最低谷的时候，如果不努力一把，生命就真的完了。

也许，这世上真的有一件事情可以改变命运，那就是唯有奋斗，不可辜负。

6 优秀，才会让你有发言权

在生活中，通常越优秀的人得到的酬劳会越多，而他们面临的挑战往往也会越多。

我的朋友梅梅是自由撰稿人，家里有一个瘫痪的婆婆。如果雇用保姆的话，这一笔开销她们是负担不起的，所以梅梅选择了在家里写稿子，挣稿费。

梅梅文笔不错，可是如今，纸媒逐渐没落，网络兴起，电子阅读已经成为主流。所以，在家当一名自由撰稿人的前景十分渺茫。

因为没有名气，梅梅最初只能接工作室的稿子。工作室就是中介，中间会抽取一部分稿费，一部书出版后拿到手的稿费大约有五千元左右。

即使如此，梅梅还要时刻担心工作室是否讲信誉，如果工作室拿了出版社的稿费不给她，那一纸合同也就相当于作废了，她也不可能为了几千块钱千里迢迢去起诉一个从未谋面的工作室。

梅梅最大的希望就是，能够直接从出版社接选题。

这个机会终于被梅梅碰到了。一个出版社的编辑在作者 QQ 群里找作者，他们要出一部和古代《棋经》有关的书，也就是一部关于下棋的文化书籍。不过，稿费只比工作室高出一点点。

群里的作者纷纷摇头，第一觉得稿费比较低，这种探究型的著作要做的功课太多，付出的时间与脑力和稿费不成正比；第二就是觉得这种书写起来太累，不如写点散文之类的轻松。

但是梅梅却接了这个选题，能够直接和出版社“对话”对于她是一个机遇。

为了写好这部书，她查阅了古代的《棋经十三篇》《棋经论》等，不仅做了大量笔记，还逐句进行翻译，辛辛苦苦写了半年才完成。交稿后，出版社领导不禁暗暗佩服，他们从文字里看到了梅梅付出的血汗。

在运作这部书期间，领导又给了梅梅几个选题，让她随便挑一个写。

领导本以为梅梅会挑选一个简单的选题，可是她又挑战自己，选择了“逻辑理论”这个选题。“逻辑学”在大学属于选修课，其难度不言而喻，梅梅作为高中毕业生，挑战逻辑理论的确是有难度的。

在攻克逻辑理论的过程中，梅梅确实遇到了不少困难，为了写好“逻辑”，她花了几百元买了与“逻辑”相关的书籍进行研究。普通的逻辑问题，比如逻辑谬误就已经令她感觉艰深，而逻辑数学更让她觉得晦涩难懂。

当然，也有人劝她，抄抄资料算了，现在很多书都是互相抄来抄去的。梅梅没有那么干，她觉得如果一部书连作者都不知道在讲什么，交给读者去分析，那是对读者的不负责任。

梅梅每天晚上伺候婆婆洗完澡，就在台灯下看书。一个人全然进入脑力学习的时候效率最高，也不觉得时间漫长，学到半夜后她才强迫自己睡觉。

第二天一大早，她起床安顿婆婆洗脸、吃饭，一切结束后，她又会一头扎进逻辑学习中。大学生需要学四年的“逻辑”课程，她用一年就学完了，记录的笔记有十几万字。她把笔记归纳、整理后，就算写完了“逻辑”这部书。

第二部书，梅梅拿到的稿费只比第一部多了两千元。梅梅的第三部书，才为她带来了较高的收入。

这段时间由于微信公众号“逻辑思维”的关注度很高，梅梅的逻辑书算是跟风小火了一把，于是出版社给梅梅的第三个选题依然与逻辑有关。因为有了之前对逻辑理论深入的学习，梅梅的第三部书只用了一个月就写好了，稿费却比前两部高出了很多。

接着是第四部、第五部……梅梅终于赚到了自己的第一桶金。

只有接受挑战，勇于尝试，才能成就不一样的你，最优秀的你才有发言权，才能赢得相匹配的报酬。

当自己不够优秀的时候，只有努力让自己变得优秀，那样才会出现自己期望的结果。

7 伟大都是熬出来的

伟大都是熬出来的，成功都是一步一步走出来的。

朝花夕拾，日月星辰，任何一种自然奇观都是岁月赋予我们的礼物，人类历史中的不朽传奇也是时间赋予我们的礼物。

曹雪芹写《红楼梦》时，批阅十载，增删五次，即使到了“举家食粥酒常赊”的地步，依然孜孜不倦，笔耕不辍。经过十年努力，一部伟大的作品才被“熬”了出来。

相比之下，现在的很多网络作家也喜欢写作，一天码一万字不在话下，然而却因为耐不住寂寞，很难写出经典佳作，以致渐渐地放弃了自己的文学梦想。

第八届茅盾文学奖获奖者张炜花了二十年时间写出了四百多万字的长篇小说《你在高原》。当年张炜还风华正茂；二十年后，他已两鬓斑白。正是因为他熬了下去，才有了今日的成就。

章子怡成名后，在面对记者的访问时，她说：“十一岁之前，我的生活像其他小孩一样，在我考入舞蹈学院后日子就变得不一样了。六年的专业舞蹈学习生涯很艰苦，我每天过着早上六点半起

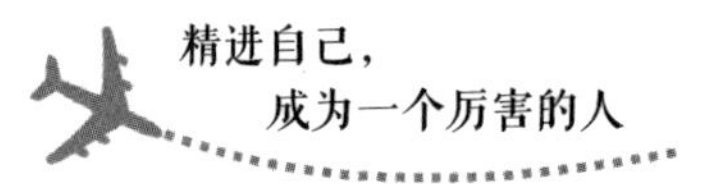

床、晚上十点半熄灯的军事化生活。”

一个十几岁的小姑娘，同龄人还在父母膝下撒娇，可是她却住进了集体宿舍，接受军事化的管理。正是有了之前这段岁月的煎熬，后来才让她在电影《卧虎藏龙》选角的竞争中“一举中第”。

当时李安在拍摄《卧虎藏龙》时，本来想请舒淇饰演玉娇龙这个角色，可是因为没有和舒淇的经纪人谈拢，于是他决定改用新人。第一个新人在拍了几天后就被李安替换掉了，然后他又让好几个女演员试演这个角色。

在巨大的压力面前，章子怡每天天不亮就出去练功，在一个月内完全达到了电影中的武打要求，最后也争取到了这个角色。

在一次打斗中，她的右胳膊受了伤，可是她一声不吭，顽强坚持了下来，装作没事一样继续拍摄。现在，她的右胳膊留下了无法治愈的顽症，以至于提重物的时候不得不用左手。

章子怡说：“在中戏的时候，我唯一的解压方式就是跑步。我总是和班上一个同病相怜的同学一起跑到后海边上，我们好像暂时逃离了备感压力的空间，却在桥上抱头痛哭。

“庆幸的是，擦干眼泪后，我还是勇敢面对了自己的选择。我觉得这应该感谢家里人从小送我去学跳舞，那种高强度的身体锻炼特别能磨炼人的意志力。”

正是由于她在别人享乐的年华里，锻炼了意志，磨炼了自己的韧性，所以，她熬过去了，才成就了一番事业，取得了今日的成绩。

8 你的努力，终会让你出彩

有一个朋友的朋友，叫令狐威，他考上了厦门大学。他的父母都是普通农民，儿子能够考上大学，父亲很开心，经常在田间地头跟人炫耀，他的口头禅就是：“我们从不管孩子，我们也没文化，却培养了一个大学生！”

令狐威在家里是独苗，又因为考上了大学，父亲最为得意，所以，他的大学生活过得比很多同学都奢侈。

令狐威家住在城中村开发区，自从土地被地产商买走后，一年可获得几十万的分红。因此，两位老人也舍得给令狐威花钱，每个月寄给他的零花钱就有五六千。

而令狐威一考上大学就好像完成了全部使命，完全没有了中学时候的努力精神，而是变得懒惰、消沉。

他几乎从不去上课，整天在宿舍里玩游戏，每天晚上到了后半夜两三点才睡觉，第二天中午才起床。他不参加学校的任何活动，没有人认识他，当然也没有人看得起他。

他就好像是个异类，被周围的人屏蔽。偶尔同宿舍的人回来看见他，就会讥讽着要他请客：“喂！土豪，今天给我买肯德基去。”他成了室友们的“提款机”，即使是这样，也没有人看得起他。

因为他不思进取，同学都像躲瘟疫一样躲着他，生怕传给自己。

令狐威读的是经济系，数学对学习这科学习很重要，可是他的数学却很烂。那时候，他喜欢上一个女生，而那个女生是“学霸”，丝毫看不起他，她冷漠地拒绝了令狐威的追求，理由是：“你根本不配！”

厦门大学的经济系基地，全称是“国家经济学基础人才培养基地”，优秀生（50%）可以获得保送研究生的资格。大二期末，经济系把所有人的成绩进行了排名，要根据每人的成绩进行分班。

能够进基地班，就有 50% 的保研机会，这是很诱人的。当然，令狐威与基地班是无缘的，他被分到了差班，他那一年的成绩是系里的倒数第四。

这一次分班，深深地打击了令狐威。时间在不知不觉中已经流逝了，他回想起自己两年来的颓废、沉迷，开始暗暗后悔因空虚和贪玩而虚度了光阴，让他失去了这么重要的竞争机会。

他打电话给父亲，告诉他自己要考研的计划。父亲每一次对儿子都是无条件的支持，这是一个溺爱儿子的老人，在他的心里，永远认为自己的儿子是最棒的。

令狐威听着父亲对自己的溢美之词，觉得无比羞愧。他暗暗发誓，一定要考上研究生，让那些优秀班的人刮目相看。于是，他报了北京大学的研究生。很多同学笑话他，可是他并不在意。

从那天起，为了不影响同学休息，他在校外租了一个房子，每天五点起床，一直学习到第二天凌晨。他知道自己大手大脚惯了，租房的目的，除了更有效地学习之外，就是为了遏制自己花钱——因为一旦租了房，他就没多少钱吃喝玩乐了。

有一段时间，他的头发掉了很多，咽喉肿痛，双眼冒火。他读书读得太凶了，就好像有一股火一直在燃烧。他觉得自己一旦倒下，也许就起不来了，所以，他就像个陀螺一样不停地旋转，只等待成功的那一天。

那一年，他以全系考研第一名的成绩成为了进入北大复试的唯一一人。别人用四年奋斗换取了保研的资格，他玩了两年，用后两年豁出了性命来努力。

去北大复试的时候是冬季，天上飘着鹅毛大雪，当他看见五道口附近的小树时，他落泪了。他觉得自己奋斗了这么久，就是盼望有一天能够看见北京大学。

最后，令狐威通过了复试，成功地考上了北京大学的研究生。

在读研究生的三年里，他就像换了一个人似的。以前读大学的时候，他被人看不起，没有朋友，现在的他，交了很多朋友。他用奋斗让大家对他刮目相看，成为了一个全新的人。

他对自己说：“努力，终于让我变得更精彩！”

9 热爱你的工作，它会让你更值钱

工作，是我们一生中绕不开的话题。生在这个竞争激烈的尘世中，几乎每个人都得遵守一种社会秩序，那就是必须得工作。

当然，你也可以说：我就不必工作，我一样有饭吃，有衣服穿，也可以买奢侈品。也有的说，我不住大房子，我就吃点粗茶淡饭，我也不买什么名牌衣服，所以，我也不必努力工作。

凡是说不必工作的，不用像别人那样朝九晚五的，要么是生在富贵优渥的家庭里，上一代人给他们积攒下不菲的财产，自可以衣食无忧。

另有一部分人属于闲人雅士，视金钱如粪土，崇尚自由和淡泊。这类人想必是看惯了春华秋实，人世的纷争，早就想逃避，于是，他们也不想工作，他们以隐居、以逃避来处理人间的烦恼。

这样的人生固然有潇洒，可是，没有亲身经历工作中的酸甜苦辣，没有和这个五味杂陈的人间相融，又怎么会体验人间自有的温馨和暖意?

有人的地方就有江湖，有人的地方就有风波。

有的人在工作中和同事有了龃龉，就想逃避这种矛盾，离开原来的环境；有的人觉得工作时得听老板的话，得受拘束，得按时上下班，不自由，遇到脾气不好的老板，还得受气。他们恨不能马上脱离工作的环境，可是因为生活所迫，不得不继续工作，于是，他们发出叹息：工作就是苦役。

工作本身，不仅仅是为了薪水，更应该是社会秩序中的一环。如果一个人不工作，那么他就会和这个社会脱轨。

工作，也是一种社会身份，一旦脱离了自己的社会身份，不仅仅是没有了经济来源，更像被孤立于没有人烟的荒郊野外，孤独寂寞。当然，这个时候没有任何人再跟你为了职称、为了薪酬而争吵，可是没有社会身份，没有融入集体，这样的人生想必和行尸走肉差不离。

日本京瓷公司，在几十年的经营中，企业不断壮大，有记者问其掌门人，为何经济已经很不错了，还如此拼命地工作？

老总说："驱使我想要提升公司业绩的原动力只有一个，就是希望员工们在未来的日子里，生活永远安定、永远幸福。为了打好这个基础，就要提升销售额、确保利润。

"想要扩大销售额，就要增添新员工。员工增加，我就要解决包括员工及其家属的吃饭问题，于是我就愈加不安。因为不安，所以要通过开发新产品来提升销售额，于是人手又不够，就又要招募新员工。可以这么说吧，正是在这没有止境的不安和焦躁之中，公司才不断成长壮大，达到了今天这样的规模。

"或许你会想，既然不安增加，那么停下来，到此为止不就行了吗？但是，当觉得'到此为止就行了'的那一瞬间，企业就会开始衰落。所以，只要京瓷公司存在，在这种互相矛盾的、无止境的循环中，为了员工长远的幸福，除了付出无止境的努力之外，我别无选择。”

可以说，这个老总是深谙“工作”的积极意义的一个人。如果为了赚钱，他已经赚得盆满钵满了；如果为了享乐，他已经不在乎再多赚几个钱而是早去游历世界了——他继续努力工作的目的，就是担心员工的利益得不到保障。

为此，这个老总又发出感慨：不管我们愿意不愿意、喜欢不喜欢，最后我们都会迎来死亡。当死亡来临之际，不管过去做出过多大的业绩，也不管有多高的名誉地位，积聚了多雄厚的财产，都不可能带往另一个世界。

在死亡面前大家一律平等，只能一个人静静地死去。所以，工作的意义，不仅仅是工作本身，它还有更多的内容。

第五章

被逼到走投无路时，才会发现自己的天赋所在

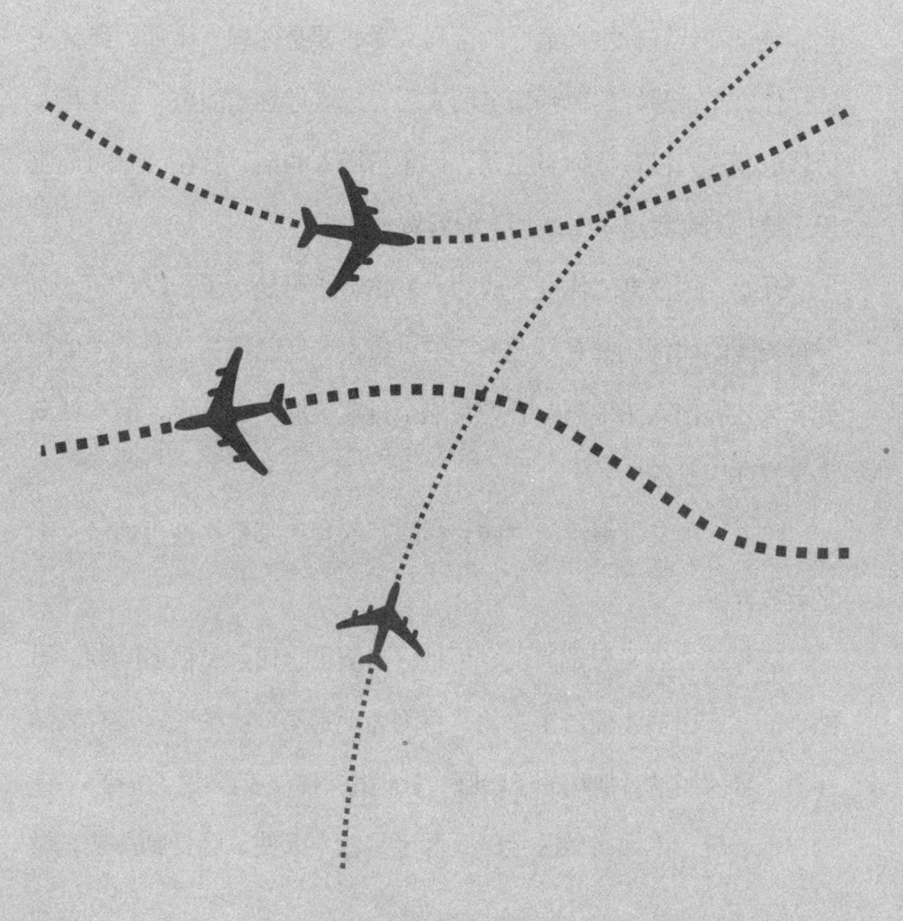

1 面前的路太多，往往会无路可走

我有一个朋友家境很好，他的父亲是本地著名商人，对于儿子以后从事什么职业，他都无条件地支持。

父亲曾经对儿子说：“你长大了想做什么呢？如果你想当医生，我就花钱让你去读最好的医科大学；要是你想当律师，我就花钱让你去本市最好的律师事务所实习；或者你想当演员，我就花大价钱给制片人投资让你当主角。你想当商人的话，就在自家的企业里干吧！到时我退居二线了，你就做一把手。”

开始，这位富二代准备成为一名律师。可是学了一段时间，他觉得周围的律师们都有从业多年的老资格，自己现在是一个学生，要多久才能出人头地啊？听说在这个行业不混个五六年，根本就没人来找你谈业务！

接着，他又觉得法律书籍太枯燥，而且律师资格证也难考，于是就放弃了。

这个富二代又想做演员，可是，当演员也遇到了很多问题。虽然他的父亲出钱让他当了主角，可因为他是第一次拍戏，没有表演经验，导演经常对他吹胡子瞪眼，让他很不爽，他索性不拍了。

他心想，不如去做医生——医生是救人天使，会受到尊敬，没有人会对他们出言不逊的，于是他又改行去学医。可是当医生太辛苦了，逢年过节别人都阖家团圆的时候，医生还在值班，那种独自坚守岗位的滋味真难受。

他索性不当医生了。

还是去父亲的公司做管理吧，反正是家族企业，一切都得听自己的。可是在掌管公司的那一年，生意就受了影响，因为他没有父亲那样的经验，只有狂妄和独断专横，导致很多老员工纷纷离开了公司。

父亲看他在公司也干不下去了，就劝他："要不然你就先从基层做起吧，你现在经验还少，很多人不服你。"

他才不乐意从底层做起，于是这个工作他也不干了。

后来父亲的企业遇到了经济危机，他也没能力接管，不久公司倒闭，现在过得穷困潦倒……

而从我的另一个同学身上，我看到了"专一"的可贵。他家条件不好，父亲摆地摊干点小买卖，家里没有钱让他读大学，于是，他就跟着父亲摆地摊。

刚开始他还觉得有点新鲜，时间长了，就觉得没意思了。天天被日头暴晒，下雨了还被雨淋，他哭着不肯去了。可是待在家里也不是个事。

他父亲说："你想想，你能干什么？考公务员，你学历不够。考大学，我们没钱。去北京打工，你又不愿意离家太远。在本地打工，你又觉得工资低。你不摆地摊，你能干什么？"

他没办法，只好跟着父亲继续去出摊，可是没干几天，又受不了了。不摆摊也没事可干，所以没闲多久，他又跟着父亲出摊了。这样折腾了几次，他终于知道自己只适合出摊做生意。

时间长了，他从摆摊中学到了些做生意的技巧与经验，也慢慢地学会了跟人打交道。因为在外面出摊常年受日晒雨淋，所以，他有了一个理想，就是有一天开一家属于自己的专卖店。

过了几年，他终于有了自己的服装专卖店。

又奋斗了好多年，他拥有了属于自己的服装集团，现在已经成为省内首屈一指的富豪。

前面说的那个富二代朋友，因为可供选择的路太多，反而最后变成无路可走。而后面的我这个同学，在别无选择的情况下，选择了一条路就心无旁骛地走下去，终有一天走出了一条出路。

“真积力久则入，学至乎没而后止也。”只有冲着一个方向使劲，水滴可以穿石，铁棒也可以磨成针。

哪怕最初你的理想很小，哪怕最初只有一条铺满荆棘的小路，如果披荆斩棘地走下去，终有一天路会越走越宽。如果这条路走走，那条路看看，最后哪一条路都走不到头，最终将会成为一个失败者。

在乳制品行业竞争激烈的今天，有一家乳品厂为了打造自己的品牌，专门推出了给乳糖不耐受人群喝的功能牛奶。

在我国，有很多人喝了牛奶容易拉肚子、腹胀，这个乳品厂瞄准了这一部分人群，可谓是目标明确。它所走的就是“专一”线路，所以功能牛奶这款产品刚一问世，就迅速占领了市场。

可见，在竞争激烈的商业市场，专走一条路有时更容易获得成功。

“老干妈”陶华碧专心致志只做辣酱，当她的名字名列福布斯富豪榜时，有的人邀请她控股，有人劝她投资房地产，她一概拒绝了。她说：“老干妈就是做辣酱的，不是搞房产的，这辈子做好一件事就够了。”

我们做什么事情，不要想着处处开花，如果能在一项事业上兢兢业业，更有成功的希望。

2 之所以要努力，是因为要配得上未来更好的自己

我有一个文友叫赵晴，她一直是我在写作圈中的榜样。如今她已经靠着笔耕不辍的努力买了房，过上了优渥的生活。

每一次听到她的故事，都会让我感受到满满的正能量，催我勤奋，鞭策我为了自己向往的生活和热爱的写作事业进取、努力。

赵晴已经发表了不少作品，几乎在每份主流期刊上都能看到她的笔名。但她的身世却很坎坷，很早以前因为丈夫出车祸去世，她便守寡了，独自带着儿子生活。她长相普通，为人朴实，并不属于受人追捧与羡慕的美女作家，她只是默默地刻苦地努力着。

据说，她在中学期间就爱好写作，写过一部二十多万字的小说，为此耽误了高考，但她并不气馁，依然坚持着自己的文学梦。

落榜后，她在一家工厂里做杂工，业余还坚持着写作。终于，她去了一家报社，当上了一名记者。当然，她是没有编制的。

在报社待了三年，她的月工资一直只有一千多元。最后，她辞职在家专职写作，但是生活又一次将她逼到了绝境。

赵晴在家写作的第一个月，一篇文章也没发表。她继续写，直到第三个月终于发表了一篇小说。她很高兴，儿子也开心地给她在墙上贴了第一朵小红花。以后，每发表一篇稿子，她就让儿子在墙

上贴一朵小红花。

直到有一天，墙上贴满了小红花，她也赚到了自己的第一桶金，她的生活似乎开始有了转机。

没有想到，突然之间，她会成为众矢之的。

有一次，她的一篇稿件发表后，她忘了从其他刊物上撤回投稿，该编辑说她一稿多投，于是她受到众人非议，一些作者也纷纷提议封杀她，还有编辑要她就“一稿多投”事件公开致歉。

她一句话也不说，保持着缄默。

有位编辑在博客上愤然发声：“以前看她可怜，是单亲妈妈，在同质量的稿子中，因为同情而选择了她的稿件，而她却拒绝承认是抄袭，还将我拉黑，简直是没有良心……”

当时，真是墙倒众人推。此时，电子网络开始兴起，写手们都有点岌岌可危。她便断然离开了期刊界，去闯荡出版业。

听她的一位朋友透露，她的第一部书稿才卖了五千元，而且还是分好几次给的。后来，她又接二连三地出了几本书，不过一直没有名气。再后来，我听说她混得越来越不好了，在写了几部书之后，又在网络和报纸上写文章。

在最低谷的时候，她还去打过零工，在一个工厂里加工棉被。由于和写作时间发生了冲突，她不得不辞职，又一次关在家里写作。

终于有一天，她从生活的底层反弹了起来。经某位朋友的指引、介绍，她结识了一位全国闻名的大制片人，在制片人的授意下，她开始写民国谍战小说。

很快，她的付出换来了回报，一部小说就获得了五十万元的影视版权费。不过这部小说她写得很辛苦，竟然写了一百万字。

对方让她写六十万字就可以，她却觉得这些字数不能把故事说尽，于是自告奋勇，又多写了几十万字，同时删除了觉得不好的十万字。在明知道多写也不一定多给钱的情况下，她对自己就这么严格，对文字就这样精益求精。

最终，对方被她的精神所感动，也很仗义，多给了她几万元。于是，她又被授意写这部小说的剧本。当她写完这个剧本的时候，已经过去了两年，而她也有了百万收入。

此时的她，已破茧成蝶，在精神上也变得很富足，过去的痛苦已经压不倒她了。

后来，没有了经济压力，她的儿子也长大成人，她离开了编剧界这个给她带来转机的领域。她现在只想安静地写自己喜欢的小说，她想重新追寻少女时期的梦想，写自己喜欢的文字。

一切尘埃落定，她转为了纯文学写作，并且偶有获奖，几本知名纯文学刊物上也开始出现她的名字。

她有着良好的写作习惯，她把写作当成工作、生活，甚至是呼吸，写作构成她生活中必不可少的一部分。她说，她曾经在一年中敲烂了七个键盘，只要让她写，她就是幸福的。

这就是赵晴的故事。她是我心目中打不死的小强。

我们为什么要努力？因为一股信念，因为我们要创造更加美好的明天。

3 只要你真的努力了，就会成为最好的自己

这个故事的主人公，是一个天资比较“笨”的人。

她叫可可，在我上大学的时候，她一直是我们当众或者背地里嘲笑的对象。

可可长得很胖，而且有点丑，但这并不能阻挡她对任何事情都勇于尝试，包括爱情也是如此。

大二的时候，班里的同学都已成双结对了。只有可可，没人追，也没人喜欢。

有一天，在宿舍里，我们几个女生八卦起系里的男生。可可也参与了进来，她好奇地问：“怎么才能得到男生的爱？”

一个女生喜欢用统筹分析法分析问题，她对可可说：“如果你和一百个男生交往，总会有一份爱情属于你。”

可可好似明白了一点什么，那天晚上我们睡觉后，还听见她在床上窸窸窣窣。第二天，我们惊呆了，全校大二年级共有五百多位男生，每个男生都收到了可可送的一只千纸鹤，拆开每一只千纸鹤都会看到可可的签名以及一句“I love you”。

可可的意思是，我追求这么多人，总会有一个人喜欢我。可是，这件事简直糗大了，即使真的有人有点想法，也会被可可这种

疯狂的举动吓傻。

于是，这一次可可完全失败了。

大学毕业后，可可在事业上依然保持着这种疯狂又傻傻的劲头。她疯狂参加了各种会员制的直销，有次稀里糊涂地去深山里参加传销被骗了几万元。后来又听说当个“网红”可以收入倍增，她便戴着脚镣在街头搞行为艺术，直到有一天她搞起了互联网创业。

通过以前参加那些疯狂的活动，她认识了一些人，并大胆地开口向人借钱创业，还真有人给她融资了。她先做了垂直电商，又转战天猫。在做电商的过程中，她感觉高端假发这个生意不错，她毫不顾忌地和一位凑巧认识的日本人说了自己的想法。

这位日本人也刚好有一个日文网站，他说可以帮可可在日本寻找市场，可可负责供给就行。于是，一切就这样机缘巧合地展开了。

可可从日本友人手里接单，然后分到国内的工厂下单，她赚取一部分差价。

前几天，在某个新品的展示大厅上，我见到了可可。要不是她叫我，我不会相信这个女人就是她。

现在，她变得非常漂亮，眼睛大了，眉毛修饰过，脸型也十分俊美——她毫不掩饰说自己整容了。更令我吃惊的是，她身边的男友竟然是大学时期一位玉树临风的“校草”。

可可说，这位是她的未婚夫。

她笑得那么可爱，我第一次发现，可可是真的很美。她有一种凡事都要不断努力，就算是丢丑也不退缩的心理。

我问她，这几年怎么变化这么大，把我们的“校草”都吸引到了？

可可说了一句话让我感触极深，她说：“我一直在努力，不停地努力。不论是爱情还是事业，我都觉得，真的努力过后，我就不会是以前的那个丑小鸭了，也许我就会是一个不一样的我了。

“当我这么做的时候，我发现，的确是这么回事，你看，我都追上‘校草’了。他一开始是拒绝我的，可是禁不住我软磨硬泡啊，那些‘校花’可没我这么有耐性、肯付出。

“还有，在事业上，我就是喜欢钱包足，喜欢好车大房，于是我不停地追求。我也被坑过，好在我免疫力强……”

那么，我们该如何从不起眼以及困境中脱颖而出呢？先不去管别人的嘲笑，先不去管结果如何，只要你真的努力了，就会成为最好的自己。

4 成功，就是逼自己一把

成功都是逼出来的。

这说起来简单，然而鲜有人能做到，多数人要么熬不住，要么就是在最难的那一刻打了退堂鼓。而真的能不断逼自己的人，日积月累，终会有所成就。

想起了自己读高中时的那段日子。

我就读的是一所重点高中，初中时我的成绩很不错，经常拿第一名，可是上了这所重点高中后，同学们都是来自各个学校的尖子生，我的成绩落在了后面。

第一名对于我已经变得遥不可及，就连到达中游也是勉勉强强。高二的时候，正值青春懵懂时期，又不可避免地萌生了一场朦胧初恋，于是学习成绩直线下滑。

有一天晚上，我和同学敏在操场上散步。敏的性格有点孤僻，我也很苦闷、抑郁，所以容易对彼此敞开心扉。

敏说，她的父母离异了，自己跟着父亲，而且她还有家族遗传的高度近视，现在已经近视一千度了。青春期的女孩都是爱美的，她很自卑，自认为长得不够漂亮，身材也很差，所以，她只有从学习中得到乐趣。

敏跟我说："你相信不，每次我做完一份试卷，攻克一道难题，我的心情就会大好。我不敢让自己有丝毫的懈怠，一旦懈怠、无聊、空虚，我就会想不开心的事情，想父母的离异、想我长得不够美、眼睛又不好，想很多很多让人沮丧的事……真的，只有学习能够拯救我。"

我听了敏的倾诉，如同醍醐灌顶，所谓的努力学习，不就是逼自己一把吗？每天夜里，当别人下了自习钻进温暖的被窝呼呼大睡的时候，敏还在背诵英文；当我们还在贪玩的时候，敏又在复习艰深的物理、化学习题。

她让自己沉浸在学习里，逼自己从学习中寻找乐趣，她找到了。而我，为什么就不肯逼自己一把呢？

于是，我毅然斩断了初恋的情愫，收回了野马一般的心，逼着自己晚上睡觉前必须复习一遍白天的功课，逼着自己一定把白天不懂的习题再做一遍。

为了改变自己的拖延症，我还列了详细的计划。

最初我觉得很累，每当夜深人静的时候看到温暖的被窝，就想早点入睡，可是想到了不可预知的前途，想到了需要为考上大学而拼搏努力，我就逼着自己再学习一会儿……时间久了，习惯成自然，我终于把自己的名次提了上去。

这就是我逼自己的过程。

后来连我都想不到，在高考考场上我发挥失常，竟然失利。当时，我懊恼、烦闷，想就此不读书了，想就此进入社会打工也不错的，上学太苦了。

此时的敏，已经考上了一所很好的大学。

没有人陪我继续刻苦了，我的毅力一度出现了动摇。于是在暑假，我出去打了一段时间的工。

我去了一个饭店洗碗，想用机械的工作来刺激自己麻痹的神经。

我是独生女，从小一直受父母娇惯，在饭店打工的日子，我经历了最严峻的考验——我是新来的，到了饭店洗碗间，我被分到最艰苦、谁也不愿意干的第一道工序。

当时正是夏季，我穿着洗碗工必须穿的水鞋，站在热气腾腾的洗碗池前，脸被热气蒸着，手在池子里洗碗。大量清洗剂的浸泡让我的手第一天就蜕皮了，但我坚持了下来，我就是要让自己知道，究竟是上班好受还是学习好受。

一个月后，当我看到身边都是一些文化水平不高的女人讲着俚语粗话时；当我在恶劣不堪的环境中累得浑身酸疼，面前又送来一大摞碗时；当我不小心打碎了几个碗要赔偿一天的工资时，我终于明白了，只有学校才能给我想要的未来。

我回到了校园，比之前更加刻苦，终于在一年后考上了理想的学校。在学校里，我积极参加社会实践，努力学习知识，每一年都能获得奖学金。毕业后如愿以偿被一家不错的公司录用，生活忽然就变了一番模样。

回想起几年前的自己，在洗碗池前一个接一个刷着碗的日子，我终于明白，这一切都是逼自己一把的功劳。

只有逼自己，你才能过上你喜欢的生活；只有逼自己，你才能成为你希望成为的人。

既然生在世上，就不能白来一遭，任何理想的生活，都不是天上掉下来的。如果你不逼自己，那么，你就只能过慵懒、乏味的日子，逼自己一把，你的生命才有一番精彩。

逼自己一把，去过自己向往的生活吧。

5 每一个成功的人，曾经都是在舔着伤口前进

我们所羡慕的成功者，是事业有成，家庭和美，人际关系和谐的人士。在这个世界上，一个人在事业上取得成功已经很难得，如果再家庭和美、人际关系融洽，更是锦上添花。

我有一个同校的师姐，她叫邸爱爱。听起来，“邸爱爱”像是一个生活无忧的女孩名字，实际上，她家境贫寒。

她的父亲是退伍军人，分在了政府机构信访办上班；母亲是一名农村妇女，没有多少文化，也没有正式工作。那时候，每到假期我去找邸爱爱，总会看见她的母亲在家里缠线团，据说是给一些工厂加工毛线，以补贴家用。

邸爱爱的父亲虽然在政府机关工作，但他接触到的大部分人是社会底层平民，经常被工作的事情搞得心绪烦乱，渐渐地就有了抑郁的倾向。

邸爱爱的悲剧发生在大学一年级。当年她以不错的成绩考入了大学，两个妹妹还在读高中。这一年，她的母亲忽然有了创业的想法，她与几个邻居女人打算去上海进皮鞋卖。

那一年流行那种类似小船的尖头皮鞋，邸爱爱的母亲以为这种鞋子会大卖，便进了很多。结果流行风很快就刮过去了，鞋子压了

很多库存。父亲因此上了火，竟然突发脑溢血，在医院抢救了十天，最终还是撒手人寰了。

邸爱爱接到叔叔打来的电话，说她父亲病重，让她回家。叔叔的语气很不自然，实际上她父亲在住院时，他并没有第一时间告知消息，因为大家也没想到，一个不到五十岁的男人这么快就走了。

所以当邸爱爱赶到家时，看到门口满是白色的花圈和挽联，她顿时觉得天塌了。

处理完父亲的后事，邸爱爱又回到了校园。这时的邸爱爱知道，家里的顶梁柱塌了，自己和两个妹妹的生活费、学费都成了问题，母亲没有工作，做生意还赔了本，这以后的路在哪里呢?

邸爱爱的母亲做皮鞋生意失败后受到了打击，她转行做起了布鞋生意，去鞋厂进一些价格便宜的布鞋来卖。她在大街上摆了一个摊位，一双布鞋卖十元，生意马马虎虎。

邸爱爱的大学生活不像其他女孩那么潇洒、自在，她无数次从梦里惊醒，浑身大汗淋漓。她经常梦见母亲步履艰难地拉着一辆马车，后面坐着她们姐妹三人。她知道，这个梦就是现实的反映。

邸爱爱开始做兼职，教一个韩国人学汉语。渐渐地，她的学费不再让母亲负担，并开始帮助母亲分担家里的重担。

邸爱爱家与我家世代交好，她上大学的时候，我还在上高中。

后来到假期的时候，我亲眼看见二十来岁的邸爱爱头发稀疏了，她说这几年不知为啥，头发掉了很多；我还看见，她的愁闷变成一团阴郁的雾霾笼罩在她的眉心，使她看起来一点儿也不像一个青春正茂的女孩，而像超出自己年龄很多的女人。

我知道她过得不好——她很痛苦，父亲的去世，自己读大学的费用，两个妹妹的学费、生活费，母亲做生意欠下的债务，所有这一切都让她发愁。

邸爱爱大学毕业后，本来想考研，可是看着母亲不赞同的神情，她知道，母亲并不乐意她继续读书。她只好放弃了考研。

她最初在一个编辑部做校对，一年后跳槽进了一家网站当了一名 IT 工作人员。在网站工作了三年，她又到一所私立学校当了一名教师。

后来，邸爱爱从普通教员一步步坐到了办公室主任、副校长的职位。她用自己的工资供了两个妹妹读书，又用自己的工资替母亲还清了债务。

再后来，邸爱爱在北京有了自己的车和房，她过得知足而快乐。两个妹妹大学毕业后，在其他城市定居了。母亲也不卖鞋了，在北京帮她带孩子。

邸爱爱在上学期间，课余研习过心理咨询，这个爱好给她的心灵找到了一个宣泄口，多年郁积在她内心的压力得到了释放，也给她的人生增添了一道动人的风景。

邸爱爱的经历并不复杂，虽然没有深仇大恨般的苦楚，却有着刻骨的酸痛，她的成功不简单。

每一个成功的人，都有过一段舔着伤口匍匐前行的苦难岁月。如果能从独自舔舐伤口的暗夜里走出来，甜蜜自然随之而来。

6 你没有看见我的努力，就不要诋毁我的未来

一沙一世界，一叶一菩提。社会中，我们不能小看任何一个人，也许今天你藐视的人，明天就能以一个完美的亮相让你目瞪口呆。

同样，我们身处逆境时，也不要自暴自弃，妄自菲薄。对于别人的藐视，我们完全可以视而不见，或者当作自己前进的动力。

对于未来的理想，我们只需要执着前进，不必过分纠葛于眼前是泥泞还是悬崖。对于一些挖苦讽刺我们也不必放在心上，让那些箭镞无处施放……

孙俪小时候是一位体态丰腴的女孩，有一天，她看了杨丽萍表演的孔雀舞后，很喜欢，于是发誓也要当一名舞蹈家。妈妈惋惜地看着女儿说："舞蹈家一个个苗条又纤瘦，你——可以吗？"

孙俪下定决心要减肥，每顿饭都给自己定量，只吃七分饱。尽管有时候饿得两眼冒金星，可是依然顽强地坚持着。

有一天，妈妈看她饿得难受，就买了一份肯德基套餐给她，说："孩子，别想着跳舞了，我们不要委屈自己。"

看着妈妈手里的鸡翅和汉堡还冒着热气，孙俪馋得直流口水。可是，她忍住了，最后哭着跑了出去。

半年后，孙俪的体重减轻了，腰围变细了。

她报了舞蹈班，认真学习舞蹈基本动作。一开始时，压腿、劈叉这些高难动作让她疼得大汗淋漓，老师都看不下去了。

因为孙俪的基本功太差，身体太僵硬，老师婉转地对她妈妈说，还是让孙俪报考其他才艺吧，比如国画和弹琴。

孙俪却倔强地说："妈妈，相信我，你的女儿一定会成功的。"

妈妈只有叹息，看女儿这样努力，她也不好打击她，只希望女儿不要把身体伤了。

夜里，孙俪抱着疼痛的腿，不禁流下了眼泪。她多么想跳舞啊，在舞台上让荧光灯照着自己。她喜欢舞台，喜欢掌声雷动，喜欢成功时观众送上的鲜花。

孙俪对母亲说："妈妈，不要为我操心了，现在我只需努力就行了，至于未来能不能成为舞蹈家，只能看缘分了。"

接下来孙俪继续苦练，在老师质疑的目光中，在妈妈爱怜的目光中，在同学藐视的目光中，她每天早晨五点起床，在自家小院里压腿、劈腿……

三年内，她没有上过舞台，因为她没有其他女孩那么耀眼，没有其他女孩那么活跃，她默默无闻地练习着舞蹈的基本功。

终于有一天，因为一个女孩受了伤，她被当作替补送上了舞台。

这一次，她是电视剧《情深深雨蒙蒙》中的群演之一。在影视剧里，虽然只是亮一个相，只有几个舞蹈动作，没有一句台词，可是，她毕竟走上了舞台。

虽然只是一个连配角都不算的伴舞，可是，她从此进入了娱乐圈，在《玉观音》中扮演了安心一角。凭借在此剧中的出色发挥，她获得了第22届中国电视金鹰奖“最受观众喜爱的女演员”奖和“最具人气女演员”奖。

2011年，她凭借着在《甄嬛传》中精彩的表演而红遍大江南北。当年的丑小鸭终于成为了荧屏上众星捧月的女主角，她的努力换来了丰硕的果实。

是的，一切努力都有回报，在你没有看见我的努力之前，请不要诋毁我的未来。

相信，未来属于奋斗者。

7 当你知道自己要去向哪里，全世界都会为你让路

我们每个人，曾经对自己的未来有过种种设想，有的人想当老师，有的人想当警察，有的人想当律师，有的人想当科学家……

我还记得，我小时候的理想是当一名教师。那时候觉得，所有的同学都听老师的话，当老师很有尊严和威望，为此爸爸妈妈还戏谑过我：“老师放个屁都是香的！”

可是到了初中，我的理想发生了变化。

有一次，老师在课堂上读了我的一篇作文，让我的虚荣心得到了膨胀。我觉得以后当个作家也不错，于是，我就改变了理想，想

当一名作家。

为了实现这个理想，我用零花钱买了很多文学期刊。

可是到了高中，我的理想又变了——我想当一名军人。

那时的我觉得当个女兵很潇洒和威武，“不爱红装爱武装”“谁说女子不如男”，这些描述鼓舞着我。可是，在高考前的体检中，我因为近视与参军无缘了……

在高考报志愿的时候，我随便勾画了一项。之后我进入了大学，成了一名金属压力专业的大学生，毕业后被分配到一个钢铁厂做了一名技术人员……

回想起当年的理想——老师、作家、军人，现在觉得蛮可笑的。每到暮色降临，看着一天天飞逝的时光，我又感慨青春易逝，所谓的理想都打了水漂……

这一生我埋没了太多的理想，因为我的理想太多，到头来一个也没有实现。现在我过着庸常的日子，生活也像是庸常的摆设。

那天，我无意中看了一个关于王宝强的访谈。王宝强说，自己小时候因为看了《少林寺》，有了当武打演员的愿望，于是八岁被送到河南嵩山少林寺做俗家弟子习武。

在少林寺的六年里，王宝强只在每年过年时回一次家。小小年纪，他就吃尽了苦头，只因为怀揣着当演员的梦想，他苦苦地磨炼着自己的意志。冬季，凌晨五点就起床跑步，夏季提早到四点。周一到周二是素质训练，从少林寺跑到登封市再返回来。下午学习文化。晚上还得再练习一遍白天教的武术基本功。

毕业来到北京后，农民出身的王宝强没有人脉和资源，只能从最基础的群众演员做起。他在北影的门口和众多群演一起等着导演的垂青，如果能够捞上一两句台词，给几个特写镜头，演出结束后就会高兴地和朋友喝上一盅。

有一天，王宝强听说怀柔有一个剧组在招聘武行，就和朋友一起去应聘。他们舍不得坐车，花了一个小时走到了怀柔，找到了剧组所在的宾馆。那里的负责人却说："你们先交五十元报名费，等要招武行的时候，我们再通知你们。"

王宝强几人知道这是骗子常用的伎俩，以前就遇到过这种情况，交了钱就再也没有下文了，于是这次他们没有交钱。无奈之下，他们又辛辛苦苦走回去了。

一次失败不算什么，为了能够更多地上镜，王宝强顽强地在影视基地坚持着。他一次次等待，又一次次失望，再一次次盼望，一次次流下痛苦的泪水。

由于王宝强的外形条件不好，一直没有被人看中。直到有一天，却是因为他这一脸的朴实相被导演发现，和刘德华、葛优等知名演员一起参演了电影《天下无贼》。

而后王宝强又演了电视连续剧《士兵突击》，他终于成功了。在剧中，他说了一句"名言"："不抛弃，不放弃！"这句话也是王宝强生活经历的真实写照：永不言弃，坚持到底，终于有所成就！

王宝强的经历感动了我，我暗暗下了决心，重新拾起了中学时候要当一名作家的理想。接下来的日子，我利用业余时间辛勤耕耘，五年后，终于出版了自己的第一部书。

如果你知道自己要去哪儿，全世界都会为你让路。

8 人生就是不断尝试的过程

人生就是不断尝试的过程。这个道理，可以追溯到远古。

远古时期，杂草和五谷长在一起，药物和百花长在一起。黎民百姓为生活所困，生病了也没有治疗的法子。

神农作为部落首领，看在眼里疼在心里，因此他亲自实践，分辨出五谷和杂草，让人们播种稻子、小米、高粱；又亲自来到神农架区域（川、鄂、陕交界）“尝百草”，品尝出草药给病人吃……

正是因为神农氏勇于尝试，我们今天才能够耕种谷物，才能够知道草药的各种药效。如果没有神农氏的尝试，后世人们也许得经过更久远的进化，才能够拥有璀璨的文明。

我有个邻居叫王素萍，是一个老实本分、羞赧保守的女人，她和爱人同在图书馆上班，工作清闲，日子过得很安稳。

两年后，他们原本和谐的家庭却不再平静了。

爱人和同单位的一个女孩有了私情，王素萍的日子顿时陷入了黑暗之中，原本觉得清闲的单位，对她来说也成了一个地狱。

她经常以泪洗面，不知如何在单位干下去。

和爱人发生婚外情的女孩，是单位某领导的女儿，这个女孩不管不顾就是爱上了王素萍的爱人，而王素萍的爱人也没有把持住，于是出轨了。

每次到单位，王素萍都觉得众人在看着自己，而很多同事为了巴结领导，都不敢和她说话，眼神里有同情，也有冷漠。

离婚后，王素萍想离开单位去别的地方闯一闯。

每一次当她对父母说出这个意愿时，父母都会打断她，说图书馆这样的好单位是别人挤破脑袋也进不来的，既清闲，待遇也不错，好不容易进去了，怎么能够说走就走呢?

在这种煎熬里，王素萍的精神面貌一天不如一天。

终于有一天，人们发现王素萍不见了。原来，她的精神竟然出现了失常，独自跑到拉萨去了，还把一个穿着袈裟的和尚看成了自己的爱人，非要和尚跟自己回家。

王素萍被父母领回来的时候，精神状态彻底坍塌了，她本来是个很爱美的女子，现在变得不修边幅，臃肿邋遢。因为她精神不好，工作也不能继续干了，于是在家休养。

如果当年她的父母让她早一点辞职，离开当时那种令她压抑、窒息的环境，她的状态也许就会出现转机。

回家后的王素萍，经过精神病医生和心理医师一年半的治疗，终于有了好转。

这一次父母没有再阻拦她，她辞掉了图书馆的工作，去了另一个城市。

她在一个酒店找到了一份人力资源的工作，每天就是面试别人，她本人也慢慢地变得和蔼可亲了。

等过年回家的时候，她简直变了一个人，原来呆滞的眼神变得笑盈盈的，原来紧锁的眉头展开了。

现在，她的身边又有了新的追求者。

王素萍在最初想摆脱困境、尝试其他工作的时候，她的父母不允许，认为她过一段时间就会从婚姻的不幸中恢复过来。可是，在那种环境下，她每天面对的是曾经的爱人和“小三”卿卿我我，她的精神怎么会有好的可能？

而当她终于离开旧日的环境，开拓新工作的时候，她变得开朗活泼，成了一个讨人喜欢的女子。

尝试，让她有了正能量。尝试，让她成为了一个全新的自己。

是啊，一份工作必须要经过尝试，才能够知道它适合不适合你；一种崭新的生活只有亲自去尝试了，才能知道它是不是美好的。

所有他人的建议，都是经验之谈甚至是道听途说——要知道，小马过河时，牛伯伯说水很浅，小松鼠说水很深，究竟深浅如何，只有自己去尝试才知道。

人生只有尝试，才能够活出价值，活出自己的风格。

9 交有道之人，饮清净之茶

一个路人，一程山水，一段故事，一场悲喜。我们每一个人生在纷纷扰扰的尘世间，都免不了有各种各样的苦恼。繁华一场，落叶归根之后，我们最终还是会回到最初的本心。

在这人世间，充满了尔虞我诈，凶险无所不在，如何过得更加丰盈、更加快乐，是每个人都在思索的问题。

家产丰厚的金庸，在古稀之年离群索居，皈依了佛教。他年轻的时候也曾穷困、流离，在白手起家创办《明报》期间，历经了种种坎坷。创业阶段，他的四个孩子相续出世，处境艰难之下，他和妻子时常靠典当物品来维持生活。他熬夜写长篇武侠小说在报纸上连载，以赚取稿费养家。

金庸一共写出了十四部中长篇武侠小说，他将作品名称的首字连成了一副对联："飞雪连天射白鹿，笑书神侠倚碧鸳"，曾经，他的武侠小说在华人世界风靡一时。

金庸功成名就后，事业飞黄腾达。可是，他并不常感到幸福。他的爱子查传侠在年仅十九岁时自杀身亡，成为他一生中最痛心的事。而后，他和一直相扶相伴的妻子朱露茜离婚。

到了老年，金庸回忆起往事，依然觉得尘世的烦扰让他苦痛不堪，他始终觉得自己对不起离去的大儿子。在躁动不安，如割如切的心灵绞痛中，他决定放下一切，信仰佛教。

我们所有人都会烦恼，都会为了命运的一次次升腾而竭尽全力，撕裂般地呐喊。我们都在苦苦追寻，究竟什么时候才能够彻底放下，究竟什么时候才能够物我两忘，清净超凡。如果生命注定是一场悲剧，是挣脱不了的桎梏，为何我们还要活在这尘世间？

“行到水穷处，坐看云起时”，交有道之人，饮清净之茶。道理就是这么简单。

要想彻底地超脱，彻底地忘记烦恼，就要交一些品德高尚的朋友。在朋友的关爱中，在友谊的滋润下，在阳光般的私语里，我们终会物我两忘，绽露欢颜。

有道之人，就是心地纯良的人。“纯良”二字可以概括很多品质，只有和心好的人在一起，你的心灵才会得到净化，你才能得到快乐。

相反，如果你结交的是邪恶之人，毫无怜悯之心的人，那么，即使你只有一个这样的朋友，你的生活也注定是悲剧。“与恶龙缠斗过久，自身也会变成恶龙。与深渊凝视过久，深渊也会回以凝视。”说的就是，结交道德败坏，或者恶语恶声的人，即使心底有爱的人，也会被熏染得面目狰狞。

结交有道之人，才能饮到清净之茶，而不是有了清净之茶，就能交到有道之人。

这世间，最近、最远的都是人和人之间的距离。如果身边都是有道之人，是与我们心灵之交的朋友，那么，即使经历凄风苦雨、烈日雷鸣，我们依然会怡然自乐，宛如身处世外桃源。

每一次回家乡，我都会和几个要好的朋友小聚，每次聊天，每个人都会说说自己的心事。那天，我们分别说了自己在最近这一段时间的际遇。

王云是和我深交很久的朋友，她在一家电视台上班，是一名记者，经常跟着摄制组出去采访。

有一次，她说了自己的一段经历："前几天，我跟着本市的爱心组织去看望山区的贫困户。临出发前，我就对自己说，这次说什么也不能再捐款了——我爱人在医院也就挣四五千元，我在这个清水衙门，一个月也就三千多的工资。儿子正在上私立中学，一个月花费就得两千多块。

"我们还要还房贷，还要照顾双方的父母亲……所以这次临上山时，我就告诫自己，这次再也不能像前几次一样捐款了。可是，当我们走访最后一户时，我怎么也走不出去了。这户人家的老婆婆眼睛瞎了，老爷爷猫着腰在黑黢黢的小屋里做饭。"

"他们的孩子呢？"我问。

"他们没有孩子，据说曾有一个孩子，后来得病死了。"

王云继续说："老太太在炕上坐着，我就坐在她身边。当时我兜里装着五百元钱，最后还是拿了出来，塞到了老人手里。她虽然看不见，可是，她应该能够感觉到这是钱。"

王云最后说："回到家，我对爱人说了这件事。爱人说，善良是作为一个人最基本的素质，丢了什么都不能丢掉善良。”

王云说完后，我们都对她投以赞许的目光。

我想，如果我到了那个境地，我也会毫不犹豫地拿出自己身上的积蓄。虽然当时王云拿不拿钱都没有人怪她，可是，在那种处境下，保持善良是一个人最基本的准则。

接下来，我们几人纷纷说着自己这一段时间遇到的事情。

一个叫张媛的朋友说：“年前带着孩子去商店买衣服，在立交桥上看见一个男人，他的头上戴着一个纸做的帽子，帽子上面写着：‘请捐助我一点路费，我想回家过年。’我马上让孩子拿了五十元交给这个男人，可是他表情很冷漠，连声谢谢都没说。

“回来的路上，我就想，现在报上经常说有一些骗子利用人们的同情心骗钱，也许他是骗钱的，给他钱的人多了，他便认为是理所应当。可是，给了他钱，我心安，如果不给他这钱，我睡觉也不舒服。”

……

那次聚会分别后，我回想着这几个温馨、善良的朋友，回味着朋友们的话，心里溢满了幸福。

第六章

没有任何事情，是你放纵自己的理由

1 你能独自一人熬过漫漫长夜吗

很多人，在怀揣梦想的时候会激情喷发，热血沸腾，信誓旦旦。而一旦遇到挫折，就灰心丧气，萎靡不振，感叹生不逢时，埋怨上天没有眷顾自己。

不得不承认，机遇是存在的，幸运也是存在的——就好像买彩票，有人中奖了，欢呼雀跃；有人没中奖，就容易失望。可是，幸运的事情不过是万分之一的概率。

事实上，不管是豪情万丈还是一蹶不振，这两者都是极端，都不可取。努力到无能为力之时，黑暗中，上天自会给你开一扇窗。

说起英国大师级编剧朱利安·费罗斯的名字，很多人也许会感到陌生，可是提到他的作品《唐顿庄园》，相信大家都会熟悉。

《唐顿庄园》在美国斩获了艾美奖的“最佳编剧”奖，在上海举办的电视节中获得海外大奖的金奖，被央视播出后大获好评。

这部剧细腻刻画了英国贵族的日常生活，对于细节的把握严格到，就连仆人的座次都要符合规则的地步。它的成功，最大的功劳便来自其貌不扬的费罗斯。

费罗斯在得到今天的荣誉之前，一直过着穷困潦倒的日子。虽然出生于外交官之家，又在剑桥大学攻读过文学专业，可是他并不是一个受到上苍眷顾的人。

他长相平平，多年来没有头衔，没有钱，一直徘徊在演艺行业的阴影中。他迎着命运一次次掷给他的冷箭，一次次跌落到命运的坑洼里，又一次次地爬起来，然后抖落一身的尘土，又一次踏上征程。

在没有成为一代大师之前，他一直都是落魄不堪甚至被人奚落的角色，只能演一些滑稽小老头、牧师、乡村医生等不入流的小角色。偶尔运气稍好，会被安排在伦敦西区的剧院里演出——那是他最高兴的时刻。

当时他正值青春盛年，正是为理想奋斗的大好年华。这个年龄，也应该是一位演员在演艺事业上璀璨绽放的时候，可是，命运却给尽了他白眼。

在困境里，他坚持自我，永不言弃。由于一直对英国的贵族生活有兴趣，他对此始终保持着研究，而他感兴趣的领域，由于政治原因并不受重视。

后来，事业上无所作为、走投无路的费罗斯离开英国，去美国的好莱坞发展。

来到了好莱坞，费罗斯的事业依然没有太大起色。因为他的英国式表演风格在好莱坞并不受欢迎，当时他演的最露脸的角色就是电影《仙女下凡》里的一个司机。

此时，他从事演艺事业已经二十年了，年近四十岁的他依然租住在阴冷潮湿的地下室里，依然在为了梦想挣扎，依然憧憬着在演艺界有所作为。

因为没有钱，费罗斯一直单身着，黑暗的日子好像没有尽头。在出租屋里，对文学有着特殊嗜好的他，开始尝试写剧本。

尽管他生活贫困，可是却痴迷于英国贵族的生活细节，于是他以此为依据，辛辛苦苦写了十二部描绘英国贵族的剧本，却没有一个制片人肯给他投资。

处处不顺的费罗斯被人嘲弄在影视界就连跑龙套的都不如，似乎踏上这条路是个天大的错误。他在小说中描述自己居住的环境时说：“墙壁都冒着湿气。”

黑暗的日子，笼罩了费罗斯三十多年。在这些年里，他一直独自在黑暗中摸索，度过了为梦想意气风发的青春岁月，也度过了为坚持梦想艰难隐忍的中年时光。

在四十一岁的时候，费罗斯才成家立业，娶了一位有着贵族血统的女子艾玛。

因为在好莱坞发展难以养家，费罗斯不得不回到英国，继续在前途未料的影视界挣扎，他还犹豫着自己是否更适合演出情景剧。

即使这样贫困交加，没事的时候他依然在做历史研究，痴迷于英国贵族的社交礼仪、餐具、服饰、音乐等。他对英国上流社会的每一个细节都了如指掌，并且把这些作为影视题材写进剧本里，虽然他的剧本依然没被人看上。

恰巧这时，好莱坞导演罗伯特·阿尔特曼想拍一部英国上流社会的电影，想起了费罗斯在这方面有所研究，于是邀请他写剧本。

这部影片叫《高斯福庄园》，该片为费罗斯赢得了第74届奥斯卡金像奖“最佳原创剧本”奖。

之后，费罗斯又执笔写出了《唐顿庄园》，此剧一上映便引起了全世界的关注，英国皇室威廉王子和王妃对这部剧赞不绝口。

该剧淋漓尽致、真实地道地还原了英国这个老牌资本主义国家的历史底蕴和贵族气质。从此以后，费罗斯一跃成为了金牌编剧。

费罗斯用最终的成功给了曾经蔑视过他的人一记重拳。如今，名利接踵而至的费罗斯，回想起当年的际遇时仍然感慨说：“当年的我只能演别人不肯演的小角色或者当别人的替补，然而生活不会永远都是黑暗的，我一直相信光芒总会来到。”

在漫漫黑夜里，日常生活的琐碎、不堪与艰辛足可以消磨一个人对梦想的坚持，而费罗斯熬了几十年才终于名满天下。

如果你正在独自一人熬着漫漫长夜，请别害怕，还有浩瀚繁星和你相伴，所以你并不孤单。而世界上总有一些抬头仰望星空的人，这个世界就永远有希望！

2 成功，要有一股傻劲

我本家有一个婶婶，今年五十岁，是当地数一数二的有钱人。她开着一家服装加工店，现在有加工基地五个，工人六七百人。很多人羡慕她有如此庞大的家业，只有我知道，她得到这一切之前，经历了多少辛苦和难言的辛酸……

二十年前，婶婶的丈夫得了肺癌不幸去世，还因治病欠下了不少外债。

三十来岁的婶婶一边拉扯着两个孩子，一边做着小生意，一个人负担起了一家人的生活重担。其间，她卖过菜，挑着担子卖过凉粉，也开过豆腐作坊，但挣的钱都只是勉强够维持温饱。

有一年，婶婶看到服装加工业有前景，就借钱开了一个服装加工厂，雇用了十几个工人，加工一些定制服装。

孰料，婶婶开服装加工厂就像上了条贼船，由于当时“三角债”成风，经销商并不给她钱，而她不能拖欠工人的工资——那不是她的为人，于是二十万元的投资打了水漂。她只能看账本上的数字，却看不到进账。

婶婶有一股傻劲，即使没有进账，她也不能拖欠工人的工资，也不能拖欠进料的钱。她咬咬牙，把自己的房子卖了，一家人挤在厂子里。很多工人都看不下去了，说不要工资了，这个厂子要不就别开了，越开赔得越多。

婶婶说：“不行，这个厂子我就是死也要开下去。经销商说了，这个钱迟早会给我的，你们放心干。我们现在的订单很多，好好干，就有钱赚。”

就这样，在工厂里依然听得见机器的运转声。她一次次打电话问经销商回款的问题，经销商每次都苦着脸，说下游也给不了他钱，自己有一大堆难处。婶婶一筹莫展，可是在工人们面前，她依然表现得若无其事。

有个经销商觉得对不住婶婶，便给她介绍了某部队服装的生意。加工部队服装虽然利润微薄，可回款快。

于是，婶婶又租了一个厂房，招聘了一些工人，继续艰苦创业。由于工资开得合理，也没有拖欠过，附近待业的妇女们都来到加工厂上班，婶婶又增加了车间，购置了电动缝纫机。

其他经销商看到婶婶的加工厂规模大，工人出活快，也纷纷把订单给了她。婶婶的生意就跟滚雪球一样，越滚越大。而这个时候，她已经有了选择经销商的资格，对于不按时回款的经销商，她委婉谢绝了。

“虽然最初有二十万元的款项一直没要回来，可是，只要工人有活干，就有希望。如果倒闭了，不经营了，这笔钱更要不回来。”婶婶如是说。

随着工厂基地扩大，工人增多，婶婶忙得团团转。俗话说，三个女人一台戏，管理成百上千个女人，婶婶真是费尽了脑筋。

今天这人有事，亲戚结婚，得请假；明天那人婆婆病了，要回家照顾；有时候两个女人因为鸡毛蒜皮的小事争执起来，索性都不来了……每天都有这样的事发生，气得婶婶肺里直冒烟。

但是，人家经销商可不管你缺不缺人，到了日子就来拿货。婶婶便一个人顶三个人干，有人请假，她顶上；有人觉得受了委屈，分给自己的活不好干，她也要安慰；有人发脾气不干了，她就到人家家里苦口婆心地劝说……

人们都说，婶婶真是太傻了。可奇怪的是，周边几个服装厂渐渐都倒闭了，唯独她的服装厂越来越兴旺。很多人不解其故，婶婶也觉得纳闷：“为什么自己这么傻乎乎的，还能干得起这么大的事业？”

她一不会耍心机，二不会斗心眼，对工人们傻傻地好。经销商给了订单，她开心得像个孩子去请人家吃饭；经销商跑路了，她就一个人在夜里偷偷地哭，第二天又开始热火朝天地干……

一晃二十年就过去了，婶婶的服装加工厂已经成为本市的行业龙头。

虽然工厂里的工人依然给婶婶找麻烦，可是，就是轰，她们也不走。她们说，就是喜欢婶婶这个傻劲，别的工厂给钱多也不去。

婶婶的成功，真的是靠着一股傻劲。想成功，傻劲也不可少啊！

3 一切困难，都是为了帮自己更强大

小雅在一家媒体公司上班，她自忖文笔不俗，也颇得领导赏识，所以同事们都有点让着她，而她也的确为这家媒体公司的运营立下了汗马功劳。

单位最近新来了一名女同事，人们都说她文笔了得，小雅最初并没有将她放在眼里。

小雅认为，这个世界上文笔不错的人有很多，可是，能够做出成绩的却不多见——有的人因为懒惰，有的人因为对自己不自信。这些人为因素足可以摧毁一个文笔不错的人，而这种人只能成为平庸的角色。

新来女孩写的文章，小雅是看过的，的确不错，有几次还趁着空档期，琢磨过她的文笔风格——很是老练，看来是个练家子。可是，即便如此又能怎样呢？

小雅有着诸多成绩，比如在各种时尚杂志发表过几十万字的文章，出版过几部畅销书。以她如今的地位，已经到了和很多名家平起平坐、吃饭开会的地步，所以得到老板重用是理所当然的。

可是近期，这个新来的女孩开始显露出锋芒了，她竟然在一家一级刊物上发表了一部中篇作品。小雅一直觉得只有名家才能在那样的刊物上发表作品，她一个新来的黄毛丫头，竟然发了大刊！

小雅为此有一点点失落。更为失落的是，老板开始把目光投向了这个女孩，并且把一些大型策划方案给了她。

由于女孩的著作发的是一级大刊，市里的宣传部门也得到了风声，要给她举办作品研讨会。公司的同事们看到风头转向了，也跟着去拍女孩的马屁。

这些也不算什么，小雅对这个女孩依然保持着表面的客套。可是，最近在一件公事上，女孩无意挑衅了小雅，小雅不由得无名火起，和她在办公室争吵了起来。

这一下伤了和气不说，众人还纷纷指责小雅的不是。

小雅为此苦闷，她想不通，也不愿意想通，她想离开这家公司。可是，她舍不得，毕竟她在公司里倾注了大量的心血。她开始失眠、忧虑，患了忧郁症，以往爱说爱笑的她，开始经常对着一个地方发呆。

有一个深夜，小雅又一次失眠。早晨，她觉得再这样下去自己迟早会崩溃，于是便向公司请了假，说自己身体不适，然后毫无头绪地走进一家寺庙。

小雅见到了寺院的法师。

法师看小雅一脸愁容就问起缘由，小雅说了最近发生的事情。法师听了，笑了笑说："一切困难都是为了帮自己变得更强大。"

法师接着说："你想想，你现在和以前是不是发生了很大的变化？现在和过去相比，是今天的你强大，还是过去的你强大？你不能只看到暂时的困境就忧虑，要记住，只要你走的路是向上的，即使你如今渺小，十年后的你就会是一个比今天强大得多的你。"

小雅回去后，细细琢磨这句话，豁然开朗。

那一夜，她想起了十年前的自己，爱人和自己离异，她像一个渺小可悲的丑小鸭，带着孩子生活在社会底层。

因为孩子还小，她没钱请保姆，只能自己带孩子。为了养活自己和孩子，她开始了写作。最初她只是给当地的报社投稿，一个月只能发表一两篇文章，一篇文章只有十几块钱的稿酬。

记得有一次，她的门被敲响了，邮递员递给了她一张稿费单——只有五元钱，那是一篇发表在一家报纸上的小文章。

五元也是钱啊，她带着孩子丫丫去邮局取钱。

路上看到了卖麻辣烫的小摊，散发着热腾腾的香气。丫丫嚷着要吃，她只好劝丫丫，说："妈妈去邮局领了稿费再给你买。"丫丫很懂事，便不再纠缠。

领完稿费返回时，远远地，丫丫又看到了冒着热气的麻辣烫摊位，欢快地跑了过去。丫丫说："我只吃两元钱的，妈妈的稿费不多。"

那一刻，她的眼泪流了出来。她在回家的路上暗暗发誓，以后一定挣更多的钱，让丫丫吃上更多的美食。

一年后，她终于搞清楚了投稿的途径，开始向一些稿费高的期刊投稿。最初的稿酬只有几百元，慢慢地，一个月开始挣几千元。后来，她写书、写剧本，几十万都拿到手了。再后来，因为出了几部书，她来到了这家媒体公司上班。

比起十年前的自己，现在的自己无疑是强大的。可是，因为同事关系这么点小事，她就当作一件天大的事，坐立不安，想想真是不值得。也许十年后，自己又会是另一个样子，更加强大的自己是不会惧怕任何人的。

从此，小雅不再把精力用在勾心斗角上面，而是专心学习技能。几年后，她跳槽到更大的一家媒体担任了 CEO，经她策划选题的作者红了很多。她的剧本经拍摄后热播，她也成为了著名编剧。

这个时候的她，回想起几年前为了同事之间的龃龉而得了忧郁症，她笑了。而此时，那个和她争过的女孩，也可能有了更好的发展，可是，这已经不重要了，因为她自己变得更强大了。

小雅终于理解了法师的话：一切困难，都是为了帮自己变得更强大。

4 “拉黑”那些自己过得毫无尊严，却嘲笑别人的人

对于择友是要有选择的，面对与自己的价值观不合拍，或者理念层次比自己低很多的圈子，还是不要参与或者少参与为好。

杨可，是我朋友的朋友，早些年下岗了，可是他不甘心。

杨可居住的地方在一个大学城旁边，学生流量比较大，于是他开了一家适合学生就餐的饺子馆，生意很兴隆。

后来他看到配眼镜的学生特别多，附近几家眼镜店的生意不错，于是他又租了店面，雇了眼科大夫，做起了眼镜生意。不到一年，他就收回了装修成本，第二年就大赚了一笔。

如今的杨可已经发达了，可是他也有苦恼。

杨可说，自从自己发财后，朋友就少了。以前，和他一起下岗的同事，空闲的时候，他们几个关系不错的聚在一起喝喝酒、聊聊天，很有乐趣。可是他发现，后来这些人看他的眼神变了，言辞话

语也经常出现不和谐的声音。

尽管每一次都是他请客买单，可是几个朋友还是会揶揄打趣他：“眼镜店是不是赚的黑心钱？一副眼镜成本才十几块钱，你卖几百元，可赚大发了，就该宰你！”

杨可哭笑不得，眼镜店第一年花的装修成本和器械费用就有一百万，雇用的大夫给人家的月薪就得一万，他也是担着很大风险的。

终于，有一次杨可和那些下岗后卖咸菜、卖糖葫芦的同事们闹掰了。他新买了一辆宝马车，打算开着去参加朋友聚会，当时他对一位朋友说，自己开着车，可以顺路拉他。

那朋友马上不高兴了，说：“你以为有车就了不起啊，你不要以为有个车就可以摆架子了。”

杨可一听，这哪跟哪啊，很生气。到了聚会地点，他就和朋友理论起来，朋友继续挖苦他，后来竟然动起手来，最后不欢而散。

杨可便再也不参加这种朋友聚会了。

杨可说，自己无意说了句“有车”，就引起旧同事的不满，这就是圈子不同产生的交流与理解的差异。

从那以后，杨可只和自己同一个层次的人聚会，再没发生过以前那样的事情。在同一个层次交流，也听不到挖苦和嘲弄，他说，现在他过得很好。

你有没有注意到，我们身边总有一些喜欢嘲笑别人的人，而他们自己却一事无成，你无论如何温暖他（她），他（她）都不会感到温暖。

你一旦努力，有了成绩，这些看似是朋友的人，就开始嘲弄你的缺点，放大你的不足，言语尖酸刻薄。这说明——你已经超过了他们，他们不想看到你的成功。

如果你被他们所影响，最终会被他们拉进那个充满负能量的圈子里。如果你想有更大的进步，还是离开这样的人吧！直接的办法就是“拉黑”他们，重新去寻找与自己匹配的圈子。

你一旦重新找对了属于你的正能量的圈子，你才会如鱼得水，不断进步。

5 生活就是一边受伤，一边学会坚强

有人说，生命是一场修行，有时花好月圆，有时风雨如骤。

有人说，生命是一种信仰，怀有理想，再苦的路也能走过，再高的山也能攀越。

在一场繁华一场梦的生命中，我们会有一帆风顺之时，也常会有困顿艰难之际。甜蜜与苦涩掺杂，希望与迷茫交织——这便是人生。

我上大二的时候，同校有一个男生跳进校园的湖泊里自杀了。第二天，看到冰冷的尸体，他的父母数度昏厥过去。

不过是因为爱情的失意，他就轻易了断了自己的生命。

实际上，当我们深陷苦痛中时，确实如同剜心，难以抵抗。无法摆脱的，巨大的失落和强烈的自卑，让那个男生在一段时间内抑郁不振，终于有一天，他找到了解脱的办法——自杀。

冰冷的湖水，在他眼里比冰冷的世态和爱情更让他可亲。他真的走了，也许对于一个生命来说，他彻底摆脱了，不知他到了另一个世界，是否会放下这所有的悲伤，变得坚强。

可是，对于他人的生命来说，这样草率地结束自己的一生未免太不负责任了。一个人来到世间，应该完成人生之旅的责任，可是他为了得到解脱，就这样悄然地走了。

我们每个人的生命都不完美，都有各自的缺陷，在爱恨迷离、冷暖交织的红尘路上，我们每个人都会背负很多创伤。没有谁的生命是一帆风顺的，没有谁的人生是无瑕、无缺的——同样，没有谁的生命是一张白纸。

在一次酒会上，我认识了李坤。她是一位杂技演员，如果不细看的话，看不出她的左脸上有一块伤疤。

在一次狮子钻火圈的训练中，火圈不慎从支架上掉落，为了不让狮子受惊惊扰到众人，她勇敢地在烈火中把这头狮子牵了回去。在火圈的燃烧中，她受了伤，脸上留下了一道疤痕，再也不能上台表演了。

团里的领导给她安排了闲职，让她看服装和设备。

李坤看着自己脸上的疤，觉得人生忽然黯淡了，她还没结婚就毁容了，事业刚刚开始却就此停滞。她痛苦压抑，很多次都想一死了事。

也许在寻常人眼中，这样的生命就此没有了未来，因为人生大戏还未来得及开演就已经落幕。

也许一场恋爱，能够让她重新焕发光彩——一些好心的姐妹开始给她介绍对象，把一个忠厚的男孩介绍给了她。这个男孩不嫌弃她脸上的伤疤，并且拿出了全部积蓄带她去整容。

李坤在男孩的呵护中看到了生命的曙光，整容后，她又重新走上了舞台，掌声又一次响起。她和男孩结了婚，日子过得幸福安稳。

可是，任何人的生命，都不只是一条单行线。在一次马术表演中，李坤从马上摔了下来，马蹄从她肚子上踏了过去，踏破了她的输卵管，此后，她不能生育了。

这场变故让他们的婚姻也就此结束。男孩的父母就他这一个独苗，指望着儿子传宗接代，李坤在压力下不得不主动和男孩离婚。

生命刚向她露出了曙光，便又一次跌入了黑暗，而且这一次比上一次还要令她绝望——这一次没有人搀扶，没有人帮助，没有了爱情的照耀。

李坤想过这辈子就此结束，完结自己的生命。可是，她最终挺了过来——生活给你关闭了一扇门，就会给你打开一扇窗。

李坤擦干了眼泪，重新振作起来。尽管家人都劝她放弃杂技，不要再冒险了，她却苦练双腿顶缸，没过多久就成为团里的顶梁柱，再一次赢得鲜花与掌声。

同时，有一位事业有成的男人，因为欣赏她身上那股不服输的劲头，开始向她求婚。

这个男人离过一次婚，有一个儿子。他有着庞大的家产，很多年轻女孩都趋之若鹜，而他却只看中了勇敢和好强的李坤。

在爱的攻势下，李坤再一次对生活露出了微笑。

他们结婚了。婚后，她像对待亲生儿子一样对待这个男人的孩子，把全部的母爱都倾注给了他。男人一开始还担心李坤不接纳自己的儿子，看到两个人其乐融融的场面，他感动地在博客上说："此生有你，有家，就叫幸福。"

这就是李坤的故事。如果一开始她遇到挫折就放弃，就不会有后面的幸福。

生命就是一边受伤，一边学会坚强的过程。只要有爱，有信念，有追求，命运总会让你对生活露出微笑。

6 为使命而工作，会让天地更广阔

钱是我们人生中必不可少的生活保证，可是，一味地为钱而工作，就会失去生活的意义，寻找不到生活的快乐。

只有为了使命而工作的人，才能够获得更大的成功，而在这个过程中，财富也会自然而来。

在我家不远处有一家三星级酒店，从这家酒店路过时，经常会看见一些保安在门外巡岗，保洁工在清洁玻璃。这些保安、保洁工都是五十多岁的老人，就连门口站着的两个礼仪，眼角都有很深的鱼尾纹了。

其他带星的酒店，对员工的年龄是有要求的，很少雇用上了年纪的人，而且流动率非常高，过几年就会辞退一些老员工。

第一，老员工的腿脚不如年轻人方便。辞退这些老人换一批年轻人，是私营企业的常见现象，而且在酒店里，保洁、保安、礼仪这样的职位没有什么技术含量，换一批新人也不会影响酒店的正常运转。

第二，也是最主要的，一般老员工随着工龄的增长，工资都已经达到了上限，只有辞退老员工，招进新员工，才能节省成本。

可是这家酒店的老板并没有开除老员工，过年的时候，还给每人都发了红包。

在一次会议上，这位老板说出了心声，她说："我在北京有三套房子，每一套房子都值个几百万，我不缺钱，即使我什么也不干，这辈子也花不完。

"说实在的，经营这家酒店，现在对于我来说是赔钱的。你们也应该看得出来，酒店地理位置不是太好，装修也有年头了，现在我们的经营状况属于入不敷出，就指着婚宴包桌挣点钱。其他的比如客房部、西餐部、中餐部、洗浴休闲部，一年下来我们只赔不赚。可是，我依然要让这个酒店营业下去。

“有人会问， 我为什么不享享福，打打麻将、旅旅游，还费神经营这家不赚钱的酒店？其实，我是给你们打工的！从这家酒店创立之初你们就跟着我，跟了我快二十年了，我现在抛弃你们，我不忍心啊……我开这家酒店带着一种使命感，我就是赔钱也要让它正常运营下去！”

老板说完，已经泪流满面，台下的员工也是哭声一片。大家都说：“老板，我们关门吧，不要为我们经营这家酒店了。”

老板擦干了泪水说：“不，我会一直开下去，直到你们都不跟着我了，我再关门。只要你们还在酒店一天，我就是舍出我所有的钱来补贴这个酒店也无所谓。

“你们知道吗，每一次看见你们头发花白还在为了酒店兢兢业业地工作着；每一次看见瘸着一条腿的张老头，在大冬天五点就起来打扫酒店外围，我这心里就不是滋味！我就觉得，我和你们是一家人，你们走了，我这辈子不会再有幸福了。你们过得不好，我这心坎里也难受啊！”

员工们一边流泪，一边为老板哗哗鼓掌，掌声经久不衰。

当时我受邀参加了这家酒店的会议，所以对这一幕记忆深刻。

我常常想：对于这样一位已经不需要为赚钱而工作的人，还需要钱来得到幸福吗？她为什么还经营着这家赔钱的酒店呢？她绝不是为了钱而工作，她是为了使命，为了这些老员工的幸福，她希望每一个员工都有尊严地活着。

在这个世界上，我们有时候不得不为了金钱忍辱负重，为了金钱奔波劳累——可是，金钱也不是万能的。它买不来健康，买不来朋友，买不来真诚……

我们在赚钱的同时，一定要给自己留下一点做人的信仰，为了使命而工作，这样的人才会活出更大的价值。

为了钱而工作，格局是小的，当然，为了钱能够获得物质回报。而为了使命而工作，将会考验我们的人生，在得到金钱的同时，更会获得内心的喜悦和幸福。

世界上绝大多数大企业都有自己的使命：

迪士尼公司的使命是：使人们过得快活；

微软公司的使命是：致力于提供使工作、学习、生活更加方便、丰富的个人电脑软件；

索尼公司的使命是：体验发展技术造福大众的快乐；

惠普公司的使命是：为人类的幸福和发展做出技术贡献；

耐克公司的使命是：体验竞争、获胜和击败对手的感觉；

沃尔玛公司的使命是：给普通百姓提供机会，使他们能与富人一样买到同样的东西；

IBM 公司的使命是：无论是一小步，还是一大步，都要带动人类的进步。

……

企业之所以要有自己的使命，是为了推进企业不断进步；个人要有自己的使命，是为了能有更完美的人生。

幸福绝不单单是金钱能给予的，如果没有了使命感，就没有应得的尊严和快乐。而所谓的使命感，大部分来自于正义感，来自于见义勇为和奋不顾身。

只有树立正确的使命感，我们才会活出幸福感。

是的，为了金钱工作不会有大格局，只有使命感会让我们走向成功，很多事实也证明了这个观点。

上面所说的亏损了好几年的酒店，在老板的大公无私下，全体员工齐心协力，更加努力奋斗，这几年终于出现了转机。尤其今年，客房部基本每天都满员；中餐部每到节假日就被早早地订满了；婚宴部更是经常有新人举行婚礼。

不为钱而工作，为使命感而工作，需要的是一种精神。也许，当你真的为了使命感而工作的时候，一切你想要的都会自然而来。

7 你觉得自己很优秀，也许只是因为圈子太普通

有一位姑娘小贾长得很漂亮，可以说是镇里的一朵花，因此上她家提亲的人络绎不绝。小贾很得意，觉得自己是天下最美的人。

有一天，远方的堂姐给她打电话，说自己所在的空乘部门在招聘空姐，问她是否愿意一试。

小贾不以为然："当空姐有什么好的？还不是天天飞来飞去，

倒时差还难受呢！还不如待在家里，这里有很多人追求我，以后嫁个好男人，让男人养着我就好了。”

堂姐摇摇头，对她说：“你以为你很漂亮吗？我要你来试试，只是给你一个机会而已，要知道，应聘空姐的漂亮女孩多了去了，你不一定能应聘上呢！”

小贾很生气，她想：“堂姐这么说我，肯定是因为心怀妒忌。”她决定去堂姐说的地方试一试，她觉得自己这么漂亮，空姐非她莫属。

可是到了空姐海选的现场，小贾傻眼了。她发现，虽然自己在镇上属于百里挑一的美女，可是这里所有的女孩几乎都比自己好看，她们要身材有身材，要相貌有相貌，要气质有气质。

来城市的时候，小贾故意挑选了很时髦的衣服，想让自己显得时尚一些——可是，现在站在人群里，本身是乡村姑娘的她，还是显出了土气。

小贾连复试都没进入就被淘汰了。

她很不好意思继续留在城市里，想回家。堂姐劝她留下来融入城市的生活，这样对她以后的发展有好处，并且告诫她说：“之所以你以前觉得自己美，就是因为你所在的圈子不一样。

“你到了城市就应该看出来，你不具备的东西还有很多，比如气质、学识、谈吐，这些东西是一个职场人必须具备的。如果你就打算在那个山村里待一辈子我也没办法，可是，我劝你还是要挤入更好的圈子。”

小贾留了下来，在城市里磨炼着自己的气度和教养，逐渐变得知性、睿智。第二年再次应聘空姐的时候，她终于被选上了。

一味地满足于一点点既有的成绩，只会让人越来越退步。坐井观天的人，不喜欢去外面的世界闯一闯，他觉得世界太宽广，外面的风雨很大。

实际上，在潜意识里，他害怕的是外部圈子里的人，害怕别人比他优秀，他脆弱的自尊经受不住这个打击——而在自己的圈子里，他可以永远保持领袖地位。

这种偏见会妨碍一个人进步的。在某个圈子里比周围的人高一点点就沾沾自喜，因此而不愿到达更高级的圈子，永远无法让自己更上一层楼的。

有一个叫吴妍的女人，她在县政府部门当秘书，平时喜欢写一点小文章。本地常举办一些民俗征文比赛，由于她占据着有利资源，这个得奖的人往往就是她自己。本地的报纸上，也经常能看到她的名字。

吴妍为此很得意，周围的人也拍她马屁，于是她觉得自己是当之无愧的才女。直到有一天，她的这个幻象被打破了。

县里新来了一名女大学生，这名女孩在毕业前就已出版了六部作品，不论是写时评还是写小说，她都是信手拈来，妙笔生花。

这名大学生被分在吴妍的那个部门，吴妍觉得自己受到了威胁，想尽办法要把这个女孩赶出她所在的圈子。她还真的做到了，这名女孩被她撵走后，她在这个圈子里又成了第一才女，依旧整天得意扬扬，拿着自己发表的稿子向别人炫耀。

几年后，吴妍在文学上并没有什么提高，除了在当地的报纸上发表文章，其他地方的报社和杂志认为她的题材和文字水平都差得很远，都不采用她的稿件。

吴妍想出版自己的短文集，可是没有出版社愿意出版，最后她不得不自费出版了自己的书。当她拿着出版的短文集又一次在圈子里卖弄时，想当然的，又听到了许多的恭维。

临退休前，吴妍很想知道那个被她撵走后的女大学生发展得怎么样了，一打听，才知道人家后来在其他城市得到了很好的发展，又出版了几部著作，有一部长篇小说还被拍成了电影，现在已经是国家一级编剧和作家了，还得了茅盾文学奖。

吴妍这时候才幡然醒悟，自己平时太容易满足了，人家已经有了那么多的作品，自己只有一部自费书，她永远也赶不上昔日被自己撵走的人了。

所以，当有更高水平的人进入我们的圈子时，我们不应该拒绝和排斥，也不要封闭自守，要尝试着去融入更高一级的圈子。如果你现在看似厉害，那是因为你周围的人比你弱，你所处的平台太低了。

一个男人曾向我炫耀，说自己拥有很多人的爱，很多人喜欢他。我问他，喜欢他的是些什么人。他说，一般都是些水性杨花的女人。

我说：“你为什么因为受到这些女人的喜爱而沾沾自喜呢？不

要以为你魅力大，是因为你不值钱而已。要是喜欢你的都是好姑娘，我才会真的高看你。”

他不作声了，回家后就把那些女人拉黑了。

在这个世界上，永远不要认为自己现在已经很优秀了，你一旦自满了，就说明你到了人生或事业的瓶颈期。要想进步，就要更加努力，更加勤奋，只有如此，你的人生境界才会更上一层楼。

8 工作的时候不做“低头族”

阿华经营着一家杂货铺，很少有人来买东西，生意比较冷清。于是，备感无聊的阿华经常在工作的时候以玩手机来打发时间。

时间久了，阿华的生意越发冷清了。

他把原因归结于地段问题，认为自己的店铺所处的地段不够繁华。但是这间商铺是他买下的，一时盘不出去的话也就不能换别的地方，所以，他只好当一天和尚撞一天钟，希望有一天会出现奇迹。

有一段时间，阿华的手机坏了，他舍不得再买一个，只好不玩手机了。

慢慢地，阿华发现自从他的手机坏了后，店铺的生意忽然好了起来。他很纳闷，以前他玩手机的时候自认为也没有耽误生意，有人来买东西，他一样收钱、找钱，为什么现在自己不玩手机了，生意就好了呢？

阿华百思不得其解。

有一天，旁边一个修自行车的老人找他买烟，老人笑眯眯地问他："最近的生意是不是兴隆了不少？"

阿华说："是啊，连我也奇怪，以前每天能保住本就不错了，现在每天都有盈利。"

老人笑笑说："以前我来你这买烟，看见你总是在玩手机，看上去很沉迷，有时候还发出笑声。我就想，别耽误你玩手机，就走了。现在你不玩手机了，和你搭话也就不觉得会打扰你了。你想想看，附近的人是不是来你店的次数多了？"

阿华想了想，还真是，自从他不玩手机后，周围做生意的小商贩来店里的次数变多了。

大家都是做生意的，免不了在一起聊聊各自的情况以及近来市场上的新消息。于是，好像是不成文的规矩一般，周边的有些小贩遇到购置年货的时候，都不去大型超市而是在阿华的店里采购，还说大型超市的东西也是从经销商手里批发的。

老人继续说："你发现没，自从你不玩手机后，你的朋友也多了？"

阿华点点头，是的，他自己也发现现在朋友蛮多的。他不玩手机以后，没事就清扫店门口的垃圾，连着把旁边店铺的街道也打扫得干干净净；和别人交流的时间多了，别人都说："没想到你还是一个爱说爱笑的人，以前怎么没发觉呢？"

就连远处的人偶尔来店里买东西，他也变得热心招待，积极回应了。有些人买了东西还喜欢在他店里逗留一会儿，和他聊聊天。于是，不知不觉，阿华的朋友便多了起来。

最后，这位老人说：“小伙子，我经常看见一些年轻人玩手机，在上班路上、公交车上，就连去卫生间也低头看手机，长此以往，不和人交流怎么能行呢？

“我们做生意，最重要的就是交流。你觉得你玩手机没有影响生意，实际上客人来你店里，看到的是你冷漠的表情，他是不乐意在你店里逗留的。竞争这么激烈，也许顾客来了只是问问价格，看到你在玩手机，就不好意思影响你而走了。

“另外，你玩手机会影响你结识新朋友。做生意就是不断交朋友的过程，尤其是你这种小型店铺，靠环境你竞争不过大型超市，你就要发挥小店铺的优势，努力打造你的人脉圈。”

阿华恍然大悟。在以后的日子，即使他买了新手机，在店里的时候也不玩了。而为了彻底遏制自己玩手机成瘾的嗜好，他又把智能手机换成了只能接听电话的普通手机。

这样一来，因为工作的时间充裕了，及时更换新货，积极回应顾客的咨询，很快他的生意就好了起来。

这是一个老板开店的小故事。

现实生活中，有很多年轻人经常在低头玩手机，这类人被称为“低头族”。如果是在工作以外的时间玩手机也无可厚非，可要是在上班的时候习惯性玩手机就万万不对了。

没有一个老板喜欢上班玩手机的员工。工作时间你玩手机，消耗的是老板的钱，老板的钱也不是凭空掉下来的——如果让老板看到你的这个恶习，也许不久后你的位置就会被老板眼中更有价值的人替代了。

哪里都不养闲人，不要让沉迷于玩手机这样一个坏习惯使自己变成那个无价值的人。

9 与恶龙缠斗过久，自身亦成为恶龙

希腊哲学家苏格拉底曾经说过：认识自己方能认识人生。

是的，认识自己最难也最容易，万千的繁华中，总有人诗酒快意人生，也有人潦倒忧闷寄怀。有人温柔乡里潇洒快活，有人蓬牖茅椽，瓦灶绳床。

在人生旅途中，过得好与不好，是可以循着物质的数量来审视的。而认识自己，了解自我，却是抽象的，难以实现的。

认识自己，是发现自己，了解自己，超越自己的过程。这个过程，随着每个人的内在修为而使得每个人的人生境界而有所不同。

从有关专家的观察来看，大部分人都很难做到彻底的认识自己。不能很好地认识自己，就很难开发出潜能，也很难超越自我，在事业和家庭生活中就会出现各种各样的问题。而这些问题的出

现，又让人觉得人生不如意，消极悲观，恶性循环下去，于己无利。

我有一个朋友，他就经常饱受不能正确认识自己的痛苦，常常夜里失眠，焦虑充满了他的心胸。

原来，他是因为工作上的事情烦闷。在公司里，他担任着部门经理，是一位体恤下属、脾气和蔼的人，平时和职员相处得不错。

只是有一天，一个刚入职的员工当着他的面顶撞了他几句，根本就没给他面子。他平时做老好人做惯了，也很少批评下属，所以他当时没有反驳和发火，只是下班后到了家里，他才发觉自己很生气，晚饭都不想吃。

而后的几个月，他发现自己忽然变得无比的焦虑、痛苦和不自信。他每传达一个任务，都害怕下面的员工反驳自己，害怕被拒绝，害怕对方不给自己面子。

为了避免这种情绪继续影响自己，他找了个理由把曾经顶撞自己的职工开除了，可是那种焦虑感并没有减弱，反而加重了。

这个朋友就明显属于不能正确认识自己。在处理公司事务的时候，他明显地不自信，这种不自信的缘由就是他本身能力欠缺，因为潜意识里知道自己“不行”，于是在和员工交代任务的时候，就带着“求”的心理，他不认为自己的要求是合理正常的，有求于人的时候，就会焦虑和紧张。

要克服这种畏惧心理，就要正确认识自己：不妨拿出笔来，在一个安静没人干扰的环境里，自己问问自己，自己还有哪些地方“工作能力有限”“不值得被信任”，是不是需要提升自己的知识储备、工作技能。

在这个“认识”自己的过程中，就会发现未知的自己，了解另一面的自己。

在这个认知自我的过程中，你逐渐发现自己的业务能力还算出众，如果能力不够，也不会在这个公司当上经理；人际关系也可，不得罪人，不随意辱骂员工，所以大部分员工对你还是很尊敬的；唯一欠缺的是个人魅力，缺乏说一不二的果敢和决定。

这个和你懦弱的性格有关系。

你要从个人魅力入手，平时注意观察成功人士是怎样做到“振臂一呼，应者云集”的。又要分析自己的弱点，结果发现自己有点小气，不够大方，办事较真，不够宽容，不想承担过多的责任，在奖励制度上不够体恤刚入职的员工……

以后你慢慢调整了自己的工作方式，员工对你也心服口服。

认识自己是一个艰难的过程，有的人花费了一生的努力依然做不到认识自己。

鲁迅的小说《祝福》，祥林嫂看到人就跟人叙说自己的悲惨遭遇，开始还能赚到大家的眼泪，后来大家的耳朵听出了茧子，就连最慈悲的念佛老太太都不再同情她。后来全镇的人都能背诵她的话，她的悲惨遭遇经过大家咀嚼赏鉴了许多天，早就让人厌烦。

祥林嫂就是一个不能认识自己的人。浑浑噩噩地生活，痛苦来临的时候，她没有排泄的渠道，只有叙说。这个时候如果她正视现实，认识自我，好好地规划未来，也许会让自己的日子好过一些。

尼采说：与恶龙缠斗过久，自身亦成为恶龙。凝视深渊过久，深渊将回以凝视。

这句话用在现今的社会，就是要我们不论在何时，我们的愤怒、不安和激进并不是针对影响我们的环境进行回击，而是对自我的侵蚀——愈是愤怒，这种侵蚀越是会让你成为一只怪兽。

然后，这种感觉就会传染给周围环境，而环境里的人被感染，也会成为“怪兽”。

第七章

世界以痛吻我，
我要报之以歌

1 不要让自己白白受苦

王小波说：“一个人最大的痛苦，就是对于自己无能的愤怒。”

我认识一个朋友叫郭洋，他很喜欢写作。经过三年的努力，他终于考上了自己向往的大学。可是没过多久，他却在帮家里干农活时从房子上面摔了下来，脊髓断裂成了残疾人，再也无法上学了。

郭洋整天躺在床上，吃喝拉撒都要父母照料。开始的时候他很悲观，想着同学们都迈进了大学的门槛，自己却躺在床上跟植物人差不多，于是整天计划着怎么结束自己的生命。

父母知道儿子喜欢玩电脑，就买了一台笔记本电脑给他。他看着父母一夜之间变老的容颜，热泪又一次流了出来，他想，何不写点东西挣点稿费呢？

于是，郭洋就在网上写起了网络小说。一年后，一部六十万字的网络小说诞生了。但他不是名人，没有出版社肯为他出书，他只能与网站签约，所以他的小说很快就湮没在网络里了。

父亲安慰他说：“儿子，你写着玩别太较真，现在写书的人这么多，我们不指着这行挣钱，爸爸养着你。”

郭洋更加难受起来，经过痛定思痛，他终于意识到了，自己指望文学改变命运的路途负担不起自己承受的苦难——父亲在外面打工，挣钱维持家用；母亲除了侍弄地里的庄家，还做一些婴儿穿的猫头鞋去集市上卖。除了这些，母亲还要给他洗衣服，端屎端尿。

郭洋想，要么死，要么活——活着就要给父母分忧，这才是一个男人。

郭洋不再写网络小说了，而是留心起了网站上的各种生意。他在淘宝上开了个网店，他想，卖成人衣服的网店已经这么多了，凭自己的条件也请不起模特，不如卖婴儿衣服。

他把目光盯在了母亲做的猫头鞋上，那些五颜六色的猫头鞋看起来煞是好看。

就这样，郭洋开了一家幼儿鞋店。最初的客流量非常少，半个月后，才销售出去了一双。

对方买了之后觉得价格很便宜，而且因为是手工制作，用纯棉布做的底子，比现代工业生产出来的鞋子穿着舒服，就点了赞。再加上传统文化的回归，很多白领也开始倾心于老传统的手工作坊。渐渐地，郭洋的网店打开了市场。

半年后，网店的月盈利就可以养活一家人了。郭洋第一次开心地笑了，他不再让父亲出去打工，而是在家里帮着发快递。他还找了一个很好的爱人，现在一家人生活得和和美美。

苦难是一所大学，有的人在里面学到的是懦弱、欺骗、无知；有的人在里面学会了隐忍、脚踏实地、奋力拼搏。

每一个苦难都是一座宝藏，聪明的人利用这个宝藏报效社会，回报父母，给周围人以正能量；有的人却把苦难看作是拦路虎，过不去的门槛，他在这里面除了抱怨、郁闷，没有任何收获，最终成为了弱者。

我们都希望自己不要白白受苦，可是，当你选择的路途与终点背道而驰时，就应该调整思路，不要再把苦难当作垫脚石。

一切苦难有其激励人的一面，也有迷惑人的一面，只有目标清晰、脚踏实地地往前走，才配得上自己所受的苦。

2 你还记得十年前的梦想吗

陈明是我的中学校友，因为他的大伯没有孩子，从小他被父亲送给了大伯抚养。后来，大伯和伯母怀上了孩子，并且生了一个男孩。

陈明从小跟着大伯长大，对大伯和伯母的感情很深，大伯也舍不得把他送回去。于是，陈明就一直在大伯家生活着。

天有不测风云，人有旦夕祸福。伯母肚子里检查出了一个瘤，在大伯骑自行车带伯母去治病的时候，两人被撞身亡，而且肇事司机逃逸。

这次变故使陈明的人生发生了巨变，他和弟弟的学费从此都成了问题。

他本来学习优秀，一直梦想能考上清华大学。班主任也说：

“陈明啊，我们中学还没有出过一名清华大学生，你要是考上了，老师的脸上也有光啊！”

从此，考清华的梦想就落在了他的脑海里，扎在了他的心里。

可是，忽然发生的变故让他猝不及防。为了他和弟弟能活下去，他不得不退学了——他让同样很优秀的弟弟继续读书，而自己出去打工为弟弟挣学费。

外出打工的日子很艰苦。冬天，他在工地上挖过壕沟、搬过砖、和过泥；夏天，他守着热浪滚滚的砖瓦窑扣过砖坯；他在街上摆过摊，卖过栗子……

可是陈明辛苦几个月挣来的钱，刚够弟弟一个学期的学费，他只能更加地拼命赚钱。

弟弟考上大学后，他的担子更重了。弟弟看不下去了，他不肯上学了，说：“哥哥，你去考大学吧，现在轮到我供你读书了。”

陈明和弟弟抱头痛哭，他对弟弟说：“我这辈子就这样了，现在指着你读书争气了！你毕业后找个好工作，我再去读也不迟。”

就这样，弟弟在大学里读了四年书，陈明又在外面打了四年工。直到弟弟大学毕业，工作稳定下来后，他说什么也要哥哥去读书。

陈明看着自己粗糙的双手，想起了十年前的梦想。他去中学母校报名，可是由于年龄太大了，而且脱离学校这么久，校长露出了为难的神情。他只好找到昔日的班主任，班主任同情地说：“在学习这条路上，没有早与晚，你可以报考成人高考，一样会

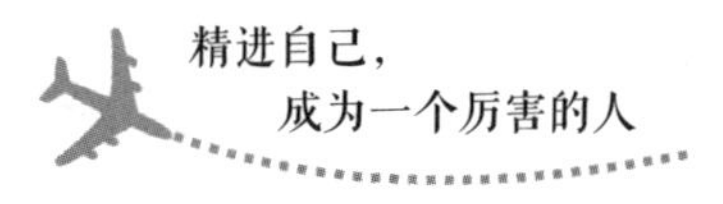

有出息的。”

可是，高中的课本知识在陈明多年的劳苦中已经被忘得差不多了，他便从初中的书本看起。等到把初中的知识融会贯通后，他才开始学习高中的知识。

遇到不会的习题，他就在“知乎”上找人回答。最初有人觉得他是个傻帽，后来一位大学教授为他解决了一道习题，和他聊天后知道了他的遭遇，很同情他，就经常指导他。他的学习开始突飞猛进，只用了一年的时间，就学完了高中的知识。

陈明参加了成人考试，却只考上了一所中等学校。虽然没有考上清华，可是他的努力终于让自己看见了曙光。

就像陈明当年一样，弟弟开始用挣到的钱供他读书。

毕业后，陈明先去了一所学校教书。时间不久，就借调到了教育局工作。两年后，他考取了公务员。如今的他，事业有成，还买了房子和车。

每年他都和弟弟携带家属在一起团聚，每当这时，他就会想起当年那个清华梦。虽然没有考上清华，可是，他还是感谢那个梦，如果当年没有这个梦，他就不会使出所有力气来参加成人考试，他对此已经知足。

陈明的人生轨迹拐了几个弯，虽然他没有完成十年前的梦想，可是，是十年前的梦想成就了他的今天。

所以说，我们每个人都要有一个梦想，只要执着，梦想就会有实现的那一天。即使梦想不能实现，它终会为你的路途增加光明。

十年前的梦想，你还记得吗？如果你已经习惯于今天的平庸，而不想再回到追梦的季节劳心伤神，让自己太累，那么，你就很难再更前进一步，让自己的人生出现飞跃。

我们习惯待在自己的小世界里，而对另一个未知的世界始终会感到害怕——其实，我们害怕的是沿途的凄风苦雨和艰难险阻。因为梦想的路途并不是一条阳关大道，它需要你从自己的小圈子中挣脱出来，走向另一个圈子。

我们在自己的小世界里习惯了安逸，可是，如果你还记得十年前的梦想的话，就尝试跳出自己的圈子吧——也许你跳出来后，经过努力未必能实现当年的那个梦想，但可以肯定的是，跳出来后的你，将得到更加广阔的天地，在那里也会有很多惊喜等待着你。

3 只有你知道，自己能活成什么样子

上大学的时候，同学们都知道王小亚的故事，不仅仅因为她勤奋好学，周末还会去超市兼职打工，更主要的是因为她有一个患精神病的母亲。

我们还听说，王小亚家的精神病会遗传。因此，虽然在一个宿舍里住了一年，可是，我们一直都很回避她，害怕某一天清晨醒来她拿着一把菜刀站在我们的床前。所以，我们都提心吊胆，不敢和

她说话，睡觉的时候都蒙着头。

其实，王小亚在大学里一直表现得很正常，我们并没有发现她有精神病症状，找不出她的一点点反常来验证那些小道消息。

关于王小亚家族病史的传言是这样的：王小亚的父亲是一个保安，在一个酒店上班。而王小亚的母亲年轻时是一个清秀美丽的女人，也从来没有发生过犯病的迹象，王小亚的父亲当年也不知道妻子有这种家族病遗传史。

后来生了王小亚后，她母亲精神就有点不太正常了。她父亲这时才听人说起，小亚的外婆当年就是精神病，犯了病上街时被汽车撞死了。

她父亲也没办法，孩子也有了，怎么也不能因为这件事就和妻子离婚吧？于是，他每天一下班后，回家还得伺候和看护着妻子。

可能因为王小亚上大学后花钱更多了，父亲总觉得她们母女是他这辈子的讨债鬼，是自己前生欠了她们的，所以他总是心情不舒畅，每当王小亚回家的时候，他就没个好脸色。

一上大学，王小亚就开始了兼职。她不愿意向父亲要钱，每一次碰触到父亲怨恨的目光，她就会不寒而栗。实际上，王小亚也很担心自己有一天会不会像母亲一样犯病。后来她问了外公才知道，家族里没有什么病史，而且外婆当时出事也是事发有因。

外公当年在一个酒厂当书记，有一年被上级叫去询问关联人物的贪污案。小亚的外婆担心老头子是不是也做错了什么事，就去工厂找外公，结果过马路一着急没注意汽车被当场撞死。

人们之所以传言她的外婆是精神病，是那位汽车肇事者为了免除责罚，找了相关人员做了伪证。当时外公觉得人已经死了，把事情闹大也没意义，于是要了些赔偿不了了之了。就这样，外婆有精神病的事情就被人“定性”了。

而小亚的母亲，也根本不是精神病。

当时小亚的母亲在酒厂上班，刚刚生了小亚酒厂就破产了，她也就下岗了。小亚的爸爸当保安也挣不到多少钱，为小亚每天花的奶粉钱就得几十块，思想压力一大，小亚的母亲就患上了抑郁症，整天想着怎么去死。

当时医疗条件也不发达，人们都说她遗传了小亚外婆的精神病。

小亚的外公分辨不清，也想给女儿治治，抱着死马当活马医的心态，把小亚的母亲送去了精神病医院治疗——没想到过了半年，小亚的母亲出来后真的成精神病了。

王小亚想起母亲呆滞的眼神，心疼得落下泪来。她想：“不管命运对我怎样，我都要让自己强大起来，我一定要给人留下一个健康的形象，让他们彻底改变对我的看法。”

王小亚知道同宿舍的人躲着自己，她也不介意。有一次我去超市买东西，正巧看见她在超市兼职，端着一个盘子招徕着顾客，盘子里面有几个冒着热气的水饺，她一边让人品尝一边说：“吃了不想家。”

她看见了我，对我笑了笑，又去兜售水饺。

还有一次，放暑假后，我看见王小亚拿着一些产品广告传单，

别在每家每户的门把手里。我们那栋小区虽然有电梯，可为了发宣传单，她只能一步一步地爬楼梯。

我看她大汗淋漓的，问她一天要爬多少层楼，她擦了一把汗，喘着气说：“不多，一天五千级台阶，半天就爬完了。”

大学里谈恋爱的同学很多，王小亚长得清纯可爱，就是没有男朋友，原因我们也知道，没有人敢找一个患精神病的女孩当女朋友。有时候，我们宿舍的同学聊天，她却总是在看书，我们也不愿意碰触她的心事。

过了一段时间，传来王小亚恋爱的消息。那时候，她的脸上满是笑意，我们也看出她的心情好了很多。宿舍里有个爱八卦的女生探听到她的男朋友是超市里的一个经理，据说那男的家境也不怎么样，可是，他乐意和王小亚一起在这个城市打拼。

可是不久，就听说王小亚和男朋友分手了。那一晚，我们都睡了，王小亚很晚才回宿舍。回来的时候，看样子是哭过，眼圈红红的，爱八卦的女生就问她，是不是见男友去了。

王小亚叹了口气：“我们分手了。”

八卦女继续刨根问底，我们担心王小亚会犯病，故意咳嗽，可八卦女并没有注意我们刻意的咳嗽声。

面对室友的刨根问底，王小亚也没像我们想象的那样“犯病”，她说起了原因：“他嫌我母亲有那个病……其实，你们放心，我真的不会像母亲那样脆弱的。”

然后，王小亚说了自己的外婆是怎么死的，母亲又是怎么得的病。我们听后，都觉得误会了她，王小亚说："我男友本来没什么意见，可是他母亲不愿意，就这样分手了……"

大学毕业后，我知道王小亚去了一家小公司上班。那个小公司因为效益不好，没有什么员工，老板为了节省开支，让她一个人干好几个人的工作，王小亚却坚持了下来。

后来她应聘到一家外企做前台接待员。又过了几年，听说她的父亲去世了，她把母亲接到身边，雇了一个保姆照顾。据说现在她成为了那家企业的中层管理者，年薪已经高达三四十万。还听说她今年结婚了，生了个儿子。

关键是，到现在她也一直没有犯病。这就是王小亚的故事。

当生活给了你一个比别人低的起点，并且对你的未来妄下断言时，只有你自己能主宰自己的人生，所以别在意那些流言蜚语，做一个灵魂有香气的女子，勇敢地活出自己想要的样子。

4 幸运，只是努力的另一个名字

在一次饭局上，我聊起了我的长篇小说签售了影视版权这件事，便有人很羡慕，说在当今图书市场，能不自费出版一部书就是一种幸运了，更加难得的是，还售出了影视版权。

酒桌上的人一定要我说说，怎么能通过写作赚这么多钱。

他们这么问的时候，我还真的被问住了，竟一时说不清楚。而且酒桌又不是我演讲的地方，说多了反而显得是在炫耀，说少了显得我不真诚。所以我只是淡淡地说了句：“玩文字这条路不好走。”

酒足饭饱后，起身回家，我听到几个人絮絮叨叨地在议论我：瞧她那得意样儿，还不是幸运！

我听了，真是哭笑不得。

真的，不要把别人的努力都看作是幸运，也许你不知道，人家在这条路上已经努力了好久。我知道很多像我一样写作的朋友，在这条路上走得并不轻松。

有个朋友，准备写一部长篇小说《武则天》，事先已经通过文化公司的审核并且签约了，只等着写完就可拿稿费。

她一边查资料一边写作，历时五个月终于完成了这部史诗性的著作。谁料文化公司送交出版社审稿的时候，遇到了审批麻烦，结果这部书最终没有出版。

那日以继夜埋首伏案的日子，那一趟趟去图书馆查阅资料所付出的艰辛和心血，还有那在笔耕中想象着成功的滋味……而这一切都成了泡影。

还有一个朋友在金融系统上班，他根据自己的家族历史写了一部五十万字的传记，其辛苦可想而知。等他耗费十年工夫写完后，因为随着阅历和文笔的增长，他对十年前的文字有所不满，于是推倒重来，把前面的十万字删掉从头写起。

又过了三年，当他写完这部书稿后却没有出版机会。因为他不是名家，出版社要他自费，他又不愿意，就这样这部书烂在电脑里。

虽然之后他因为出色的写作能力当上了办公室主任，整天摆弄公案、文书，日子看似很悠闲，可是，谁能知道，他曾经付出的汗水和努力，还有那没出版的传记。

我还听一位朋友讲过他一位亲戚的奋斗史。那亲戚现在事业有成，是一座二线城市的市长，但他并没有显赫的家世，也没有后台，他的父亲就是一名司机。有人说他靠的是幸运，可是，知道内情的人都知道，他这一路走来受了多少磨难。

在下乡插队期间，他下河挖过泥。冬天寒风刺骨，农民都不肯下去，他却咬着牙赤着脚走下泥潭，挖完泥还要一筐筐地背出去。

后来他种植西红柿，他肯学习肯钻研，有效预防了病虫害，让当地的西红柿产量翻了一番。于是他受到了组织的重用，被提拔到担任团支书。

再后来，就一步步成为了区里的宣传部干事、县长、市里的局长、副市长、市长……他在这条路上，每一步都不是一步登天，他走得踏实，成功也就水到渠成。

我们不要以为，别人比我们更有资源。要知道，在别人遇到资源的时候，人家已经在这条路上奋斗了好久，在黑暗里摸索了很长，正因为积蓄了力量，这时候遇见赏识他的人，也是一件很自然的事。

时机成熟，自会遇见贵人。试想，在你任何能力也没有的时候，你就是在街上和贵人碰了面，人家也不一定会认你。而只有当你有了能力，够强大的时候，总有人会赏识你。

羡慕别人，嫉妒比人，说别人是幸运的，只是为了掩盖自己的懒惰。

实际上，幸运永远都不会垂青懒散的人，而是垂青肯上进、肯吃苦的人。

七堇年在上小学和中学的时候开始学习绘画和钢琴，中学时就已经过了钢琴十级，文学的花朵则绽放在她的高中阶段。

文学和美术、音乐是相通的，在音乐和美术的熏陶中，她的文学素养变得更加成熟和丰满。因为文学功底深厚，文字干练质朴，她才有了“小安妮宝贝”的美誉。

你努力了很久，可是在外人看来只是幸运而已，对此你不必解释，自己心里清楚就行。反过来，也不要把别人的成就当作是一时的幸运，别人付出的努力，你只是没有看见而已。

5 只有自己，才是一切的根源

没有人是你永久的靠山，有些人也许只能温暖你一时，却温暖不了你一世。在这个世界上，真正能够靠得住的，只有你自己。

小静是一位单身母亲，一个人带着孩子。因为孩子幼小，也没有钱请保姆，她只能独自在家带孩子。

前夫爱上了更年轻、更漂亮的女子，净身出户，将两人辛苦打拼多年买下的房子留给了她，但不再负担她们娘俩的生活费。从此以后，她再也没有了可以依靠的人。

小静原本是中文系才女，年轻时候不顾父母反对嫁给了这个当初说要陪伴自己一生的男人。可现实竟是这样的残酷，孩子才一岁多，她就遭遇了婚变。

好在小静还有写作特长，她开始向报刊投稿。可是报纸的稿费太低了，根本不够养活孩子。后来她发现有些杂志给的稿费不低，一篇四千字左右的短篇小说或散文最低可以赚取四百元稿费，一个月写几篇小说就可以支撑家里的花销。

于是，小静便开始向杂志投稿。

那些杂志主打的是挖掘隐私和花边绯闻的八卦新闻，只要故事写得离奇、抢眼、有噱头，就可以发稿。小静写了不少这类小说。

因为经常在杂志上发表创作，当地文联就邀请小静参加一些笔会活动。小静去了以后发现，有些纯文学作家并不认可她的作品，说她是通俗写手。可是等小静的书出版了以后，这些纯文学作家们却还在自费出书的阵营里。

小静并没有看不起这些人，可是，这些人自认为是阳春白雪，怎么能知道她的苦楚？于是小静再也不去参加这样的笔会了。

小静和孩子相依为命，日子过得的确是太难了。那时候，在网络的冲击下，为杂志写稿，稿费已经不像以前那么多了，甚至好多中小杂志社都倒闭了。

现在小静口袋里只剩下几张薄薄的钞票，就够给孩子买两桶奶粉的了。

正当小静面临饥寒交迫的危机之时，电视台要录制一个情感故事节目，报名参与的人有五百元的报酬和车马费。

小静得知后报名去了电视台，录制了一个容易博得大众同情的故事，然后得到了这笔酬劳。

小静曾经是个很爱美的女子，以前在大学校园也是追求者众多的一枝花，如今为了孩子，一年也舍不得买一件衣服，她不想让自己的孩子从小就自卑，她尽心尽力想让女儿活得更好。

等孩子上了小学，老师通过小静女儿的穿着打扮，一直认为这个小女孩的家境肯定不错，于是在舞蹈团来学校招生时，老师为了拿到一部分折扣，反复给小静打电话，让她给自己女儿报舞蹈班。

小静不好意思向老师吐露实情，可是她是真的没钱。为了不让自己的女儿受到老师的歧视，她给老师的手机充了两百元的电话费，说自己这些年很忙，疏于教导孩子，希望老师多多费心，至于舞蹈，因为自己一心想让孩子读大学，所以就算了。

小静尽了当妈妈的心意，可是，没有钱的光景真是愁煞人。也有人劝她找个男人嫁了，一个人带着孩子太累。小静也想过再嫁，可是因为她有孩子又没工作，所以人家给她介绍的对象不是比她大很多的男子，就是长相很差的男人。

在对待婚姻这件事上，因为有过一次教训，所以小静现在格外挑剔。她想找一个睿智成熟、有见识的男人相伴，那些平庸、粗俗的男人就算了。所以，她只能靠自己。

没有爱情，她可以等；没有亲人，她不介意；没有朋友，她可以和自己对话。小静唯独担心没有钱，所以，她拼命地写作。

现在，她终于接到一个剧本的改编工作，估计会有不错的收入，她相信自己和女儿的生活会越来越好。

当没有人肯帮你的时候，只有让自己强大起来，这才是唯一可靠的选择。

6 你觉得不可能的事，其实也不过如此

每一个人的一生，都是一个奇迹。

我们既然降生到人世间，都是携带着千万分之一的运气，在自然生存法则中脱颖而出。然而，为何在后天的成长中，很多人会变得自怨自艾，觉得自己生不逢时，成功没有指望呢？

有一个年轻人在剑桥上学期间，功课不忙的时候，经常去附近的咖啡厅闲坐。在这里，他经常会遇到一些优秀的成功人士，其中有诺贝尔奖获得者、某学术领域成绩斐然的学者以及公司位列世界五百强的企业家。

这位年轻人很想像他们一样成功，于是他经常倾听这些人的谈话，间或向他们请教。可是，他发觉这些人看待自己的成功，并不

觉得多么不可思议，也没有把自己的成功看得多么了不起，他们觉得自己的成功属于水到渠成、自然而然。

这个年轻人明白了，大多数人之所以认为成功格外渺茫、高深莫测，是因为他们给自己设置了一个障碍，不敢去突破它，自己把自己吓倒了，所以，能到达那个高度的永远是少数人。只有真正到了那个高度的人，才不会觉得有多难。

我有一个朋友，他叫吴斌，在大学里学的是机械专业，毕业后分到了省内一家国企上班。当年能够进国企很让人羡慕，虽然工资一般，可是工作不是很累。他曾为企业设计了一套节约能源的设备，设备一上，便为企业节省了几百万元成本。

一些私企老板看到吴斌是个人才，纷纷向他抛出了橄榄枝，想用高薪挖走他，甚至有一位老总开出公司副总的条件来邀请他，但他还是不想离开单位。

他觉得当一个公司的副总是一件很难的事情，要处理很多人际关系，处理很多问题，自己是学技术出身的，怎么能当好副总呢？就算一年给他一百万，他也不同意。而且，自己所在的这家单位虽然工资不高，却属于铁饭碗，于是他拒绝了那家私企的邀请。

但是，多年后，这家昔日鼎盛的企业破产了。

吴斌忽然觉得茫然无措起来，他从来没想到红红火火的国企还会破产，自己还有下岗的一天。而且妻子也在这个厂子上班，两个人都下了岗，孩子还在读书，现在去干什么呢？也去街上摆摊当小商贩吗？

就在吴斌想着做点小本生意的时候，曾经邀请他做副总的老板又来找他了。

为了生计，吴斌硬着头皮去了。他是学技术的，到了那家企业，他名义上是副总，可是并不管经营，主要还是管技术。他很担心，坐在这个位置会惹出人事纠纷。

令他惊讶的是，很少有人来找他麻烦。而且他为这家私企设计了两个重大项目，第二年这家私企就转亏为盈。

同时，因为他毕竟挂着副总的头衔，不得不参加一些会议。他发现，当副总也没啥了不起的，只要把该说的事情说清楚就可以了。

于是吴斌在负责技术的同时，渐渐参与到了公司的一些内部管理中，由于他待人诚恳，并没有遇到过什么麻烦。他这才发现原来觉得高高在上的领导，他们也有喜怒哀乐，也说家长里短。而对他来说，当好副总，只要像平时对待同事一样就可以了。

现在的吴斌搬离了过去住的平房，住进了别墅，还买了私家车。每当他开着车行驶在茫茫人流中时，就会感叹，没想到自己有一天还会开上宝马，如果在以前，也许这辈子也摸不到宝马车的方向盘。

这就是吴斌从技术人员转变为公司领导的故事。

所以，有些看着很难的事情，我们不妨尝试着去做一做，也许做了你会发觉，它们一点儿也不难。

成功，原来一点儿也不难，难的是思维的转变。你觉得不可能的事，其实也不过如此。

7 宠辱皆忘，方可以宠辱不惊

生于忧患，死于安乐，是人生常理。

平淡是福，难得糊涂也是一种至高的人生境界。

人人都有花开繁盛、光芒万丈的顶峰时刻，也有风平浪静、闲情漫步的悠然时光。能够在激流跌宕的人生里，尽情挥洒是一种豪迈；能够在平淡无奇的岁月里，等待时光慢慢流去也是一种幸福。

不为过去的成绩沾沾自喜，也不为今天的平淡而自卑，在万丈红尘中，做好自己便好。淡然地过好每一个属于自己的日子，不记恨坑害过、欺骗过自己的人，也不为明天的前途而殚精竭虑。

然后，把一颗心沉下，把所有的豪情用作向上的动力——失败了，不哭天喊地；成功了，不得意忘形。

在人世里保持自己的淡定，在或寂寞或喧嚣的时候，让自己不为红尘所扰，一切都听从自己内心的声音，一切都以内心的欢乐和平静为宗旨，就能够做到宠辱皆忘，宠辱不惊。

著名音乐人高晓松的事业经过几次起伏。初期，他以校园民谣在全国刮起一阵民谣旋风，后来又尝试电影制作，自编自导了爱情片《那时花开》，接着又进入了脱口秀领域，然后又加盟了阿里音乐集团，担任了该集团的董事长。

高晓松的事业起起伏伏，最初是校园民谣将他带到公众眼前，那也是他大红大紫的时刻。他也有过迷茫，后来辗转多行，做影视剧、脱口秀，但都不及以前做音乐时风光。

最终他回归到了音乐，转了一个圈又回到了自己的梦想起飞之处，是音乐让他返璞归真。对他来说，在纷繁复杂的娱乐圈，能够化繁为简，找回自己的初心才是最难能可贵的。

有一个古老的传说，说的是一个人死后来到阴间，他看见了一座金碧辉煌的宫殿，他以为这个宫殿是天堂，于是不再往前走了。宫殿的主人说："这是地狱，你真的要在这里停留吗？"

他说："这里怎么会是地狱呢？"

宫殿主人说："这里不需要你工作，不需要你劳动，有吃不完的山珍海味，你想睡多久就睡多久，不会有人指责你。因为没有任何事情需要你做，所以，这里就是地狱。"

这个人好高兴："我正好不想工作呢，我忙忙碌碌了一辈子，有这么一个不工作的地方就是天堂。"

这个人留了下来，整天吃了睡，睡了吃，他觉得这样的日子美极了。可是时间久了，他开始厌烦了，他对宫殿主人说："我现在什么事情也不干，感觉很空虚，能不能让我干点事情呢？"

宫殿主人说："我这里从来没有工作，就是吃喝、睡觉。"

这人说："这样的日子跟猪有什么区别？我是人，我必须要工作。"

宫殿主人不再理他。

他又住了几个月，实在受不了了，又去见宫殿主人，说："这种日子我再也无法忍受了，如果整天让我吃了睡，睡了吃，我就不是人了，还是给我个事做吧，否则我就去下地狱。"

宫殿主人轻蔑地笑了："这里本来就是地狱啊，你以为这里是天堂吗？"

是的，地狱和天堂有时只是一墙之隔。"祸兮，福之所倚；福兮，祸之所伏。"不为福来而狂喜，也不为祸来而沮丧。喜从天降，也许另一种苦难要来临。

只有宠辱皆忘，才能宠辱不惊，也才能得到人生的大完满。

8 当缺一不可时，"一"就是一切

我认识一个姑娘小纪，今年二十三岁，正是韶华年纪，也是挑选另一半的黄金时期。小纪是独生女，父亲是一个城中村的村长，家里开着矿，非常有钱。

小纪的母亲曾经含蓄委托，让我帮她女儿介绍个合适的对象，我应允了。

我给小纪先后介绍了几位条件不错的男士，可是小纪一家人都不太满意。

最后，我爱人无意跟小纪说了句："不如把我们单位的小王介绍给你吧！”

还没等小纪做出反应，小纪的母亲这次表现得倒颇为主动。前面几位男士，她和女儿的态度一致，都不太满意。而我爱人是公务员，不知为什么，小纪一家人对这个职业十分认可。

可是后来才知道小王已经有了对象，这件事便不了了之了。

再后来，小纪的母亲托人让女儿进了政府某部门上班，只是一个内勤人员，一个月只有两千多元工资，好几次我听到小纪抱怨，说工资少，不够花。她的母亲也长吁短叹，说工资少无所谓，但这一年的转正指标又没有轮到。

当我劝小纪不如辞了这个工作时，小纪的母亲却说：“好不容易进了政府部门上班，以后万一能转正呢？”

从她们抱怨工资低的时候起到现在，小纪已经工作三年了，她每天早晨依然会神采奕奕地赶着早班车去上班。

过年的时候我们两家聚会，小纪的父亲和我爱人喝了几盅酒后，他酒后吐真言：“我明明知道我女儿的条件转不了正，工资养活自己都不容易，为什么还要送她去政府部门上班？就是想洗刷掉农民的标签！”

小纪的母亲也说了心里话：“我们这么做，也是为了让女儿有个身份，以后好嫁给公务员。”

我这才彻底明白，这一家人根深蒂固的自卑：他们虽然有钱了，可是他们内心最深处的愿望却是，扭转别人对自己是农村人的看法，他们希望有一个被人看得起的身份。

其实，我爱人当公务员月薪也不过四千元，可能他们的矿场一天就能挣这么多。所以，我没有觉得公务员的工作有多么美好，可是对他们来说却很需要。

有时候，在我们眼里并不重要的事物，在他人眼里却成为了重要的“一”。这个要命的“一”，对于无所谓的人不重要，但对于想得到的人也许就是救命稻草。所以，“身份”就是涌入城市的乡下人一再追寻的东西。

据悉，在信用卡诈骗案中，竟然有很大一部分犯人是刚毕业不久的大学生。这种现象说明了什么呢？说明了“诚信”正是这些锒铛入狱之人所短缺的。

他们在读书的时候，凭借国家的政策优势，轻而易举得到了一笔笔贷款，而他们首先想到的是给自己买一部苹果手机，然后又想要车子房子。

人的欲望是无限的，当欲望和诚信相冲突的时候，诚信便被他们遗弃了。为了透支更多的钱，他们不惜想方设法来提升信用卡的额度，还巧立名目，办多张信用卡，在几张卡之间倒来倒去……到期还钱的信用在他们眼里已经一文不值。直到进了监狱，他们才知道自己抛弃了最重要的东西——诚信。

缺少了诚信这个“一”，就丧失了一切。

而我的另一个朋友小蔡，同样是借助贷款，生意做得风生水起，资产已经达到了上千万。可是，他依然开着一辆旧捷达汽车，很朴实，表面上看不出多么有钱。

别人抵抗不了的诱惑，他就能抵抗住。比如，他看中了一套两百万的房子，他会首付一百万，贷款一百万。

几年后，房子升值到五百万了，他会把没有还完的贷款提前还了，然后找人评估这套房子的价值，并用这套房做抵押再从银行贷款进行其他投资。

他把所有的风险都转嫁到了银行，而在这个过程中，如果他像其他人一样，一看到几百万贷款到手了，就无法驾驭，禁不住诱惑进行超前消费，很快就会变成负资产。

在炒房的队伍里，很多人就是控制不住贪婪，最终落得倾家荡产。而小蔡就是因为守住了欲望这个“一”，才在商海里游刃有余，大展拳脚。

上个世纪，美国的“挑战者号”航天飞机载着七名宇航员，其中包括两名女宇航员，带着一团火焰升入太空时，忽然，地面上的人听到了打雷一样的轰然巨响，挑战者号瞬间变成了一团火球，坠入了太平洋。

七名宇航员就这样遇难了。

之前，这架航天飞机已经做过九次安全飞行，偏偏这一次载着宇航员的时候遇难了。究其原因，是一个小小的密封圈没密封好。

科学家在进行实验的时候，没有考虑冬天的寒气对橡胶密封圈是否有影响。他们一直认为，只要考虑到燃烧的热气不能损坏密封圈就可以，却没有料到这是冬天，过低的气温会使密封圈失去弹性，丧失密封作用。

不要小看这一个小小的“一”，如果做不好，就会毁灭一切。

当缺一不可的时候，这个“一”就决定着全局。

9 徘徊不前，就是给别人让路

古希腊的先哲告诉我们：当许多人在一条路上徘徊不前时，他们不得不让开一条大路，让那珍惜时间的人赶到他们的前面去。

这就是每一个成功者的必经之路，听起来很普通，不就是赶时间嘛！可是，试问问自己，你赶过时间吗？还是随着时间的脚步，日出而作，日落而息，像大多数人一样过着平庸淡味的日子？

至今我还记得，我的高中化学老师讲过他的一段经历。

那时候我还在读高中二年级，一天中午他像往常一样滔滔不绝地讲着化学元素。课堂纪律有一阵不太好，也许是人们已经厌烦了这种老生常谈，也许那天正巧是下午的课，大家都有些没精打采。

就在这种午后懒洋洋的气氛里，化学老师也好像感染了这种慵懒，他看了看无精打采的我们，放下了粉笔，然后说：“同学们，我给你们讲一讲我的故事。”

我们虽然有点慵懒，可还是竖起了耳朵，听他讲起来。那时候，化学老师也不过四十来岁的样子，他长得高大挺拔，气质颇佳。我们都不知道，他原来的出身竟然是一名工人。

通过他的讲述，我们知道：他曾经是当年我们那个小县城油泵油嘴厂的一名高考落榜工人，如果他不努力，他也许一辈子都只能做一名装油泵的工人而已。

他不甘心在工厂和油泵油嘴打一辈子交道，业余时间发奋苦读，终于考上了一所大学，而后分到了我们这个重点中学……

至今我都记得他说的一段话，他说："当年考大学之前，由于考学需要，我去照了一张照片。那张照片里，我的形象就跟一个囚徒一样，一年多不理的头发，整个形象看起来不堪入目。"

化学老师的话，就像给我们麻木的神经打了一针，立即疼痛、清醒起来。在那个懒洋洋的午后，由于化学老师的一番话，我们好像一个个长大了，我们知道每一项成功都来之不易，只有奋斗才能让人笑到最后。

此后的数十年，有一次我回家乡，看到家乡的那个油泵油嘴厂已经倒闭破产，大量的下岗职工无处安置，在街道上卖菜卖水果。而我的化学老师则开着小汽车从学校专为老师建造的生活小区驶过。

当他的目光望向街边那些油泵厂的下岗同事时，我不知道，他的心里是不是会闪过当年那个蓬头垢面的少年。

世上的每个人，生下来不可能都是锦衣玉食，相信我们大多数人，都在走着自己平凡淡味的一条路。有的人能鱼跃龙门，成为我们艳羡的对象，有的人就只能是潦倒的路人甲。

世上熙熙攘攘的凡人这么多，多我们一个不多，少一个也不少。

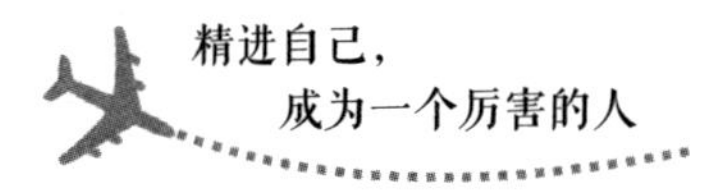

有一天我们消匿于尘世中，就好像一粒灰尘落于土地，至多让亲人悲哭几声，身边的其他人依然会按照自己的原有秩序日落而息，日出而作。

能过自己意愿中的生活，是我们大多数人的愿望。

可是，当别人努力的时候，你在干什么？你在看美剧，在玩永远没有完结的游戏，在看无聊的小说；在别人日夜不休、学习某种技能的时候，你在品尝美食、在和朋友欢聚、在玩弄你的小资情调、听一曲忧伤的乐曲……当别人忙着赶时间的时候，你在给对方让路。当看到别人荣誉而归，你又羡慕眼热——这是真实的你吗？

是你主动让出了路，怪不得别人。所谓天才，不过是人家在我们喝酒、品尝美食、玩乐的时候，他们在赶时间；当你午睡、聊天的时候，他们在赶时间。

时间给予我们每个人都是一样的，同样的时间里，先不说别人做出的事业，单是你向往的物质生活，对于抢时间的人来说，随着事业的崛起，物质已是唾手可得。

所有的努力不会白费，你如果勤奋，就会走出困境；把那些懒惰的人甩出去的时候，你就是一个大写的你。

第八章

任何事情都阻挡不了你成为更好的自己

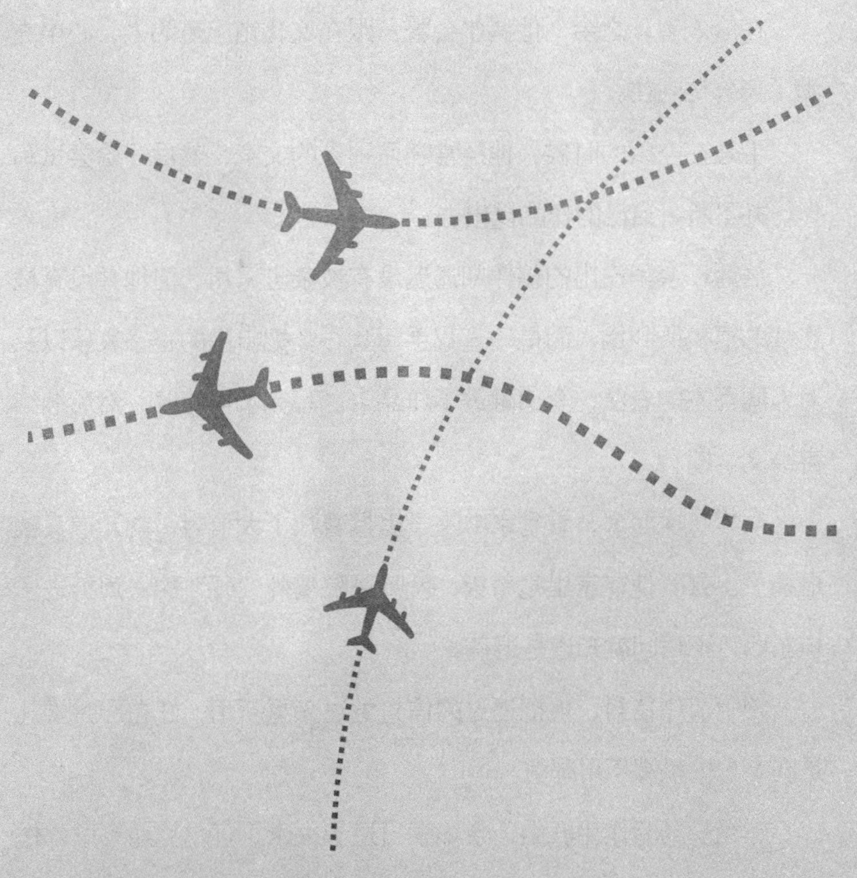

1 看似比你幸福的人，其实往往经历过很多苦难

二十世纪八十年代，文学浪潮兴起，众多文艺青年投入到了文学洪流中，余华也是其中之一。

很早之前，余华就爱上了文学，但那时他仅仅是一名牙医。

在给人看牙之余，他偶尔会瞥一眼在文化馆上班的人，心中充满了羡慕与向往。

于是在空闲的时候，他经常学习别人的文章，然后开始尝试写作，并不断将自己的作品投出去。

然而，余华投出的稿件却迟迟没有被杂志采用，但他并没有被连续的退稿所吓倒，而是一直我手写我心，把自己的喜怒哀乐以及对人间百态的看法，全部融进了作品中。写完了再修改，然后继续寄给文学期刊。

余华每次回家，看到家中院子里摞着几个大信封，就知道又被退稿了。有时他在家里吃着饭，就听见院墙外“砰”的一声扔进一样东西，不用问就知道是退稿。

为了节约信封，他把退过的信封翻过来重新用，好在那时候凡是向杂志投稿都不用邮资。

在漫长的写作生涯中，余华学习过卡夫卡、马尔克斯等国外作

家的写作方法，最终形成了自己独特的写作风格。他那细腻真实的描写，启发并影响了很多文学青年，而他对社会宏大的叙述又让国外的专业人士赞不绝口。

正是因为余华有了深厚的文学积累，所以出版的多部作品才震撼人心，深受读者喜爱。

余华的文学成就，来自于多年的辛勤耕耘。没有那么多的退稿信，也就没有今天的余华。

我们不必羡慕别人的成就，因为在别人风光的背后，他们也有超于常人所能忍受的辛酸。不论做什么事情，追逐什么梦想，都不要指望一步登天，不要期望一口吃成一个胖子。

“纸上得来终觉浅，绝知此事要躬行。”有梦想总是好的，那是耀眼的指明灯，总会让我们憧憬和向往。

可是，我们也要知道，世界上的每一件事都有着它的自然规则，成功也不例外。

一步登天，一举成名天下知，一夜走红大江南北，这种好事确实会发生在某些人身上。可是，在他们成名之前，如果没有日积月累的磨炼，没有过硬的能力，即使机会到来也会从他们身边溜走。

成功不是一蹴而就的，只有在历经磨难和坎坷后，还能不忘初心的人，才能到达自己向往的彼岸。

2 只有自己才能对自己的未来负责

有专业人士曾经分析，每一个人的一生，都有七次改变命运的机会，不管是穷人还是富人。这七次机会可以改变我们的命运，大概从二十二岁开始到七十岁以前。

第一次是成家立业的机会，在二十二岁到二十五岁之间。这时候选择一个能够帮助自己成功的另一半和找到一份好的工作，是我们面临的第一次机会。

不过很多年轻人会在这两件事上草率行事，这是年轻要付出的代价。

第二次是学习的机会，在三十二岁左右。这个机会不是让你去学校里学习，而是努力钻研你的工作和你的专业知识——你有了能力，才有资格对环境说不。你没能力，你永远受制于人。

这次机会对于每个人来说，是最重要的机会。

第三次机会是创业的机会，在四十岁之前。不管是从商，还是从学、提干、升职称、企业扩大，都属于你的创业。创业的含义很广，不单单指经商，有了更好的平台，工资涨了，职位提升了，也属于创业的机会、

第四次是成长机会，在四十六岁左右。这个机会属于锦上添

花，很难雪中送炭了。事业要更进一层，而不是转换职业。

第五次是人际关系机会，在五十三岁之前。处理好人际关系，也可以给自己带来事业的发展和突破。

第六次是再学习机会，在六十岁的时候。已经知天命，人生剩下的时间不多，活到老学到老，抓住最后的机会充实自己。

第七次是健康机会，在六十七岁的时候。此时的健康是人生最大的财富，好好保护自己的身体，就是幸福。

人生的这七次机会，需要我们好好把握。只有自己才能对未来负责，没有人能够改变你的命运，自己才是自己的主人。

小时候我们经常嫌弃父母管教我们太多，总觉得父母不理解我们，和我们有代沟，可是，父母管我们是因为他们在乎我们的未来。然而，父母并不能管你一辈子，也不可能照顾你一辈子，你终将要独自对自己的未来负责。

想起了顾铭叔叔的故事。顾叔叔是我们市当年唯一的一位清华毕业生，他和我父亲是发小，偶尔回老家会顺路和我父亲聚聚。

我父亲经常把顾叔叔的故事讲给我听。

顾叔叔的父母是工人，都下岗了，后来在街上卖糖葫芦和烤红薯。自从家里添了弟弟，日子更加艰难。

高三那年，他没有考上大学，回家面对父母，他不知说什么好。他还想复读一年，可是又担心父母不允许。父母比同龄人都显得苍老，四十多岁的母亲，从来没有买过一件漂亮衣服，他觉得对不起父母。

父亲一边蘸着糖葫芦一边说：“你还想读一年？”

他点了点头。父亲叹了口气，放下手里的活，出去借钱了。母亲看了他一眼，也没说什么。父亲回来后拿着两千块钱给了他，说：“就这一次，这一次考不上，就再也不能读书了……这钱还是借了两家借来的。”

顾铭接过钱，觉得手里沉甸甸的。

回到校园后，他把所有的时间都用在了学习上，早晨四点半就起床了，不是演算数学题就是背诵英语。课间十分钟，他也不出去，在本子上不停地算着。晚上下了夜自习，他打着手电还在被窝里看书，他绝不放过每一分钟的学习时间。

过年的时候，舅舅来了，父亲拿着卖糖葫芦赚来的一千元给了舅舅。舅舅走后，一会儿小姑又来了，父亲也给了小姑一千元。借的两千元，算是还清了。

小姑是他们这一拨亲戚里的有钱人，在城里买了车子房子，可却是个很吝啬的人，她接过钱点了点才说：“不是我紧着要，实在是他姑父这人小气，生怕拖得久了，你们还不起……”

亲戚们走后，顾铭把自己关在屋里，他很想哭，可是想了想，还有几道题没有做呢，于是他拿出习题做起来。

新年，别人家都吃肉，他家没有。顾铭吃着玉米面粥和咸菜，心想，自己一定要争气！

有时候，父亲在一边卖糖葫芦，顾铭在另一边卖烤红薯，母亲在家里照顾弟弟。他把红薯放进壁炉后，就拿着一本书看了起来。

过了一会儿，父亲过来了，把壁炉里的红薯拿出来，他这才闻到了糊味。

父亲看着，叹了口气说："你赶紧考上大学吧，你考不上大学，你干什么也不成！"

高考之前，顾铭给自己报了一个很高的志愿，心想，反正考不中还有第二志愿呢！

高考成绩公布的那天，班主任脸上带着从来没有的惊喜神情向他家跑，一边跑一边高兴地从兜子里拿出一份通知书："我的天，你知道不，你儿子考中了清华，我们学校十年没有清华大学生了，这次可争光了！"

顾铭哭了，为自己的付出而得到的收获高兴地哭。他的父亲也哭了，不敢相信这是真的。

十年后，弟弟也大学毕业了，顾铭把父母接到了城市，给母亲买了高档的衣服和化妆品。母亲怪他铺张浪费，可是心里是美的。

父亲还是经常去街头卖糖葫芦，可是他往往到了街上就和一些老人下起了象棋，棋下完了，糖葫芦也不知被谁吃光了。他也不生气，还哼着曲推着空车回家，他知道儿子已经有出息了，不需要卖糖葫芦挣钱了，他只是找个乐子。

顾叔叔如今在一所颇有名气的成人英语培训学校当校长，有车有房，还经常出国访问。也许真像他父亲说的，如果他不上大学连红薯都烤不好，但其实他很想吃当年自己烤糊的那一块红薯。

那块红薯的味道，他永远记在心里。

3 迷茫，是逃避的借口

我认识一个女孩叫潇潇，青春靓丽，家境不错，还嫁到了一户好人家。

父母托人让潇潇进了事业单位，她干着月薪只有一千多元的工作，每天上班除了聊天无事可做。虽然这样，但毕竟是份旱涝保收的工作，因此潇潇的生活在别人看来很稳定。

我问她："你还有什么理想吗？"

潇潇说："理想就是生个儿子，给老公家传宗接代。"

我笑了，又问："生了孩子之后呢？"她迷茫地摇摇头。

后来潇潇的娘家遭变故，父亲因受贿锒铛入狱，家境一落千丈。

以前婆家对她敬着、捧着，现在因为这一番变故，她成了受气的媳妇，经常泪汪汪地跟人哭诉：今天婆婆骂了她，说她一个月挣的钱还不够买化妆品；明天婆婆又和她吵了，说她是个败家精，生不出孩子还老败家。

潇潇知道是娘家失势让自己落到这步田地，有一天，她跑回家对母亲哭诉，说想离婚。可是母亲并不支持，母亲说："女儿，我们现在的情况不比以前，现在你离婚的话，你连自己都养不活。"

潇潇越发痛苦。爱人常年出差，偶尔回来一次，老看见她哭哭啼啼的样子，更何况婆婆还在背地里说了她一些坏话，所以爱人对她也是爱搭不理。

最后潇潇想到了自杀。当她被抢救过来后她提出了离婚，婆家很痛快地与她办理了离婚手续，从此她再也没有了以前的风光。

可是潇潇很开心，终于不用再听埋怨的声音，也不再被当作是吃闲饭的败家精了。

工作之余，她开始做微商。最初加盟了一个面膜品牌，尽管她很努力，可是一个月下来只卖了一盒面膜，还是单位的好朋友买的。

母亲也心疼她，劝她不要这么辛苦，再找一个好人家嫁了算了。

潇潇也想过再嫁，可是人家听说她的父亲还在监狱里，都不接受这个事实。她不知以后的出路在哪里。

直到有一天潇潇过生日，她想："今天吃了这块蛋糕，我就二十六岁了，不知道命运会不会有转机。"

蛋糕店的店主是一个比她大不了几岁的女子，她在蛋糕坯上娴熟地涂着奶油。这个小店里还出售烤箱和做蛋糕的工具，门口的牌子上面写着：星期一，学习并且讨论芒果慕斯蛋糕的做法。

原来只要在店里买了这些设备，就可以免费来这里学习制作蛋糕的工艺。潇潇想起了自己经营不善的微店，何不开一家卖生日蛋糕的微店？于是她不仅买了一个蛋糕，还买回去了一个烤箱。

此后每个星期一，潇潇来到蛋糕店里学习蛋糕制作，很快就学会了制作各种各样的生日蛋糕。

她的微店开张了，由于她用的是新鲜的牛奶和纯天然的食材，口感好，价格也不贵，越来越多的人开始关注她的小店，她很快就赚到了自己的第一桶金。

如今如果再问潇潇：“你迷茫吗？”她一定会说：“忙起来就不迷茫了。”

4 如果你还不够优秀，就请先收回自己的存在感

我曾经看到过一位作协女作家非常高调而且飞扬跋扈，总炫耀说又要去哪开笔会了，又和某大作家握了手，又当文学大赛的评委了……种种卖弄，让人觉得她一定出了很多著作。

某次我问起她出版过什么著作，她扭扭捏捏地说，自己得过几个大奖，出书因为得自己掏钱，所以暂时还不想出。

我很纳闷，既然这么“出名”了，怎么连一部书也没出过？后来才知道，她不仅没有出过书，就连发在一些报刊上篇幅短小的文章，都是托关系才发表的。

我有一个学弟，聪明自负，毕业后做销售，因为口齿伶俐，被某家公司老总重用。老总在浙江有一家服装厂，积压了大量库存，他看到网上有些商家卖衣服卖得很好，希望学弟利用自己的聪明头脑想想办法。

学弟一口应了下来。该老板便许以重金，拿出了二十万块钱让

学弟先去投资运营。

学弟拿到钱后，第一件事就是招兵买马，但凡是熟悉电子商务的人，他都不招。他想："玩淘宝这种事一学就会，与其招来业务熟悉的人先把我干掉，不如找几个新手。"

学弟又去浙江考察了一番。其实他不懂服装，去了被人一吹捧，云里雾里，吃吃喝喝，最后看了看服装，就算是结束了考察。

回来后，学弟准备大干一场，他想开一个服装城，看中了一处繁华地段的两层商城，可是一年的租金就得 100 万。跟老总商量后，老总觉得还不到时机，没有批准，还是让他先把电子商务做好。

学弟满腹不满，在网店装饰方面独断专横，并不采纳技术人员的意见，而是准备用黑色做背景以期和别人的网店区别开来——殊不知他们的服装主要针对年轻人，黑色系会导致失去很多的访问量。

学第觉得自己是主管了，很自满，经常向几个下属训话，吹嘘自己在做销售时候的成功经验。下属们都没有和他争论，反正工资是他发，只要迎合他就是了。

两个月过去了，衣服没卖出几件。

学弟看到没有销量，也有点急，就想走天猫店。可是联系了天猫客服后，要营业执照和押金等手续。学弟看看手里剩的钱没多少了，只能暂时不入驻了。

学弟想到一个办法，让下属拿着衣服去实体店让人代销，又给了几个淘宝店帮忙分销。即使如此，半年下来还是入不敷出，最后老板将学弟辞了。

学弟郁闷地问老板，自己的问题出在哪里。

老板看着学弟租赁的豪华写字楼，又看看桌上的茶水，语重心长地说："在还没有奋斗成功以前，先收回你的存在感。"

其实，每个人或多或少都有一些自大心理，每个人都希望别人赞美自己，都希望自己成为中心。

如果我长得不美，可是我文采好，能写一手漂亮文章；如果我写不好文章，我会修理电脑，几分钟就能让瘫痪的电脑"起死回生"；如果我不会修电脑，我有一个好老公，老公长得帅人也优秀而且对我还好……总之，每个人都有刷存在感的理由。

可是，如果你只是一知半解的话就要虚心静默，君子讷于言敏于行，当你真的具备一定能力的时候，不用刷存在感别人也会记住你。

这是因为，人们只对真正的强者钦佩、敬仰，对于靠刷存在感而并没有真材实料的人，只会不屑一顾。

5 面对失败，重新站起会更优雅

在岁月的征途中，失败在所难免，我们谁也不可能永远站在群山之巅，受人膜拜。在这个竞争激烈的时代，失败总会存在，然而最终人与人差距的产生，就在于如何面对失败：是一蹶不振还是重新站起？

《色·戒》在国际电影节中斩获大奖时，汤唯作为一名刚出道的新人就走上了威尼斯电影节的红地毯。就在她前途无量之时，却遭到封杀。很多人认为她是靠着作秀走红，而忽视了她优秀的一面，以及她之前所付出的努力。

当年为了考入中央戏剧学院，她连考了三年。

当时她租了中戏旁边的一个小平房，生活拮据，还得靠朋友接济。三年备考，让她打下了非常扎实的专业课基础。到了大学，她学习表演、播音、美术，还获得了羽毛球国家二级运动员资格。

汤唯演过电视剧、话剧，做过话剧编导，还拿过很多奖项，比如环球小姐选美北京赛区的第五名、数字电影百合奖“优秀女演员”等。直到《色·戒》播出后，汤唯才被大众认识。

被封杀后的汤唯去了英国，当时她只有得到的五十万元片酬和八十万元的广告赞助费。本来广告费应该是四百多万，可是因为封杀的缘故，她退回了大部分。

实际上，按照合同，她完全可以拒退，可她是个心地善良的女子，觉得君子爱财取之有道。然后，她拿着这些钱来到英国学习。

在国外，汤唯听到了关于自己的种种传言：“青少年的不良榜样”“过火表演”“花瓶”……她很苦闷，觉得自己的人生好像被毁了。能不能重新站起来呢？她在英国的大道上漫无目的地闲逛。

汤唯想找个艺术学校读书，却发现自己的英语水平不够。

英国的艺术学校对学生的要求极高，雅思成绩要在6.5分以上，托福要在1550分以上。而且英国的学费也很高，正规学校一年也得一万英镑，她要就读的话只能自费，那样一年得花三四万英镑，折合人民币三四十万。而她只有一百多万，消费不了多久。

汤唯只好找了一家语言培训机构学习英语，这样可以少花一些钱。然后她想找个兼职，不想坐吃山空。她看到街上有一些艺人在拉小提琴卖艺，路人听完后会纷纷点赞给钱，她于是想到自己也可以成为行为艺术家。

她用旧报纸做成纸衣服，穿着纸衣服站在街边，脸上还画了古怪的造型，扮成日本艺伎，面前摆一个帽子。路上的行人纷纷在她的帽子里放纸币，不一会就有了几十镑的收入。

汤唯有时候在脸上画上京剧脸谱，有时候拎一桶水在街上用毛笔蘸水写字，有时候在街上给人画肖像……她之前参加过羽毛球比赛，到了国外，这项优势也帮她当了陪练，一周能挣七八百英镑。她又接到英国模特公司的邀请，去做专业模特，这样就解决了她的房租和饭费问题。

后来，香港的一个公司邀请汤唯和张学友共同出演《月满轩尼诗》，此片在内地上映后宣告了汤唯的“解禁”。此后《晚秋》《黄金时代》《北京遇上西雅图》热播，她终于打了一个翻身仗。

人生旅途中，汤唯笑到了最后。虽然这个过程很艰难，但只要站起来就会解决困难，而一旦躺下去就永远起不来了。

站起来是一种姿态，更是一种境界。

6 只有足够优秀，才有资格满意

“京东”创始人刘强东，是农家出身，从小家境并不富裕，父母以船运为生。当时有很多船家孩子因不小心掉进河里被淹死，为了安全，刘强东和妹妹从小被送到外婆家抚养。

刘强东上大学后，经常给人抄信，每抄一张挣三分钱，他想以此减轻父母的负担。大学毕业后，他进了外企上班，在外企做过仓库管理、计算机维护系统等工作。后来，他辞去工作去中关村卖软件。

再后来，刘强东打算用工作攒下的一两万元创业，等印完宣传资料后，身上只剩下了一千元。他租了一个柜台，代理卖一些软件和磁带，这个小柜台就是“京东”的雏形。

当时，刘强东女友的父母为此很不满，觉得堂堂中国人民大学毕业的大学生去中关村卖软件太丢人，不同意女儿和这样的人来往。

虽然“京东”的京字取自于女友名字的一个字，可是女友最终还是离开了他。那段时间，也是刘强东最痛苦的阶段，但是凭着坚定的信念，他将自己的柜台延伸为六个。

新世纪初，京东已经在沈阳、深圳开设了分公司。此时的刘强东也在北京买了第一处房产，这套房产既是办公室又是仓库。

和一般人比，刘强东已经算成功了，可是他并不满意。2000年，“百度”上市时，他给李彦宏发去了祝贺信，他觉得比起李彦宏自己还很渺小，还不算成功。

2004年，刘强东初涉互联网，觉得很神奇。当时他还没有QQ，也很少上论坛。那时他的仓库里堆满了卖不出去的雅马哈刻录机，有爱玩网络的同事告诉他，可以在网上卖东西，他就跟着了魔一样，在论坛上发言、做广告……

他和版主商量好做团购，几个小时发一次消息，卖出货后还能看到大家的反馈，他觉得这事很神奇。

不久后，刘强东就建立了自己的网站，在网上卖东西，这就是京东商城的由来。此后他关闭了零售摊位，专门在网上卖东西。

2014年，“京东”在美国的纳斯达克上市，刘强东的身家已达数十亿美元。

刘强东去中关村租摊位的时候，一文不名，被女友的父母嫌弃，后来即使他做零售赚了一笔钱购置了房产，依然不自满。那时他对同事说：“即使我赚了三十万，也是别人眼里的下三烂。”

之所以这么说，还是因为前女友抛弃他所带来的创伤。

前女友崇尚读书，认为创业不是正道，对于大学生来说是个耻辱。就连刘强东自己的父母当年也反对他创业，认为好不容易读了大学还去做生意，是走下坡路。

如果刘强东不够优秀，或者不再努力而人云亦云，随波逐流，那么他也就不能抬头挺胸、昂首阔步成为年轻人的楷模。

如果你还算优秀，并不能阻止别人的那些谩骂和嘲讽，因为他们离你并不远，所以才会心生妒忌。只有你足够优秀，才能证明自己的实力，才能对抗和反击别人对你的污蔑和轻视。

足够优秀，就是最好的武器。足够优秀，就是你最好的挡箭牌。

你只有努力成为无人能及的优秀者，别人对你才会由诋毁变为赞美，由鄙视变成仰视。

7 说得多了，就会成为做的障碍

许下一个承诺容易，去付诸实践却不简单。如果说得草率，那就会成为实现的障碍。

常立志不如不立志，常说大话不如不说话。说得多了，说就会成为做的障碍——君子一言九鼎，既然定下了目标，应当立刻付出行动。

人只有耐得住寂寞，才能经得住喧嚣；尝尽艰辛，才可充盈内心；闭上惹是生非的嘴，便能安享清闲；默默地付出努力，有一天终能俯瞰世界。

我的大学同学赵丹，上学时担任过学生会主席，人也长得英俊

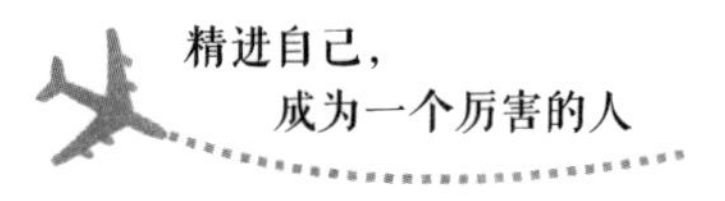

潇洒，口才不凡，是我们那一届的“校草”，深受众多女生爱慕。但是赵丹有心上人，那就是“系花”刘娟，两个人外表般配，才学相当，如果两厢情愿，想必会成就一段美好姻缘。

赵丹能言会道，经常在刘娟面前说一些甜言蜜语，哄她开心。最初刘娟有点心动，毕竟赵丹是很多女生心中的白马王子，可是她作为系花，身边不乏追求者，他们虽然不像赵丹一样一表人才，可是一直在追求着她。

刘娟在几个追求者中思索着，究竟哪一个值得自己选择。最初她欣赏的是赵丹，可是赵丹只是夸夸其谈，他身上有一些华而不实的特征让她不太喜爱。而有一个叫张磊的男生，长得虽然其貌不扬，木讷又嘴笨，但他却渐渐赢得了刘娟的芳心。

有一次，刘娟的眼镜摔碎了，而配一副好点的眼镜将近上千元，她感到有些无措。但不戴眼镜了，走路都有些飘忽，她赶紧打电话给赵丹，希望他能帮助自己，因为她手头没那么多现金。

可是，赵丹只是表示了一下关心，然后说自己实在太忙了，等有时间再陪刘娟去配眼镜。实际上，赵丹是舍不得给刘娟花钱，一想到自己的生活费也不多，而且他觉得万一花了这钱，刘娟还是成不了自己的正式女朋友，不是亏了吗？

然而，平时很木讷的张磊却陪着刘娟去了眼镜店。家境并不好的他，用自己做家教积攒的钱帮刘娟配了一副眼镜，对此，刘娟感激不尽。

过了几天，刘娟的家人给她汇来生活费，刘娟找张磊去还钱，看到张磊在宿舍里正在背诵中学英文课本。张磊看见刘娟，不好意思地说，晚上还要去做家教，自己在给一个孩子准备功课。

刘娟还钱给张磊，张磊说什么也不要。

看着张磊穿着已经破了边的夹克衫，还有很久没理过的头发，刘娟深深地感动了。她当然知道，张磊的家境比不上赵丹，可是赵丹只会说，而张磊不说，却诚心诚意地为她做了很多。

因为张磊做得多、说得少，最终赢得了刘娟的芳心，不久，刘娟和张磊确立了恋爱关系。赵丹听说后问刘娟："你为什么选择他，不选择我？"

刘娟说："因为你太会说了。"一句话就把赵丹否决了。

在爱情中说得多、做得少的人会被人拒绝。在事业中，光说不练的人更会被人看不起。

在这个世界上，除了父母肯养你，没有任何地方肯养一个只说不做的懒汉。没有哪一个行业的钱是好赚的，在本该拼搏的年纪，有的人就是因为想得太多、做得太少而没有成为那个更优秀的人。

有这样一个故事：曾经，有个小国家给强大的邻国皇帝进贡，送去了三个一模一样的小金人。皇帝问身边的大臣："这三个金人哪个最有价值？"

只见一位大臣拿着三根稻草，分别从三个小金人的耳朵里插了进去。第一根稻草从第一个金人的另一只耳朵里出来了，第二根稻草从第二个金人的嘴巴里掉了出来，第三根稻草掉进了第三个金人的肚子里，什么响动也没有。

于是，大臣说："第三个金人最有价值，因为只有多听少说的人，才是成熟最基本的素质。"

这个故事告诉我们，人身上最值钱的地方不是嘴巴，而是耳朵和手——只有去听、去做，才能够实现我们的价值。

说了不做，是浮夸之辈。少说多做，才能成为一个有能力的人，有担当的人。

8 在冷板凳上练出惊艳亮相

在熙熙攘攘的人生舞台上，每个人都在浓妆艳抹，粉墨登场。很多人向往着一时的繁华，却忍受不了繁华前后的冷落。

可是，既然有璀璨的一刻，也就有冷漠黯然之时。起起落落才是人生，寂寞抑或喧嚣才是人生常态。

前一阵，我听朋友小茜讲述自己坐了几年冷板凳的经历。

那时候小茜在一家公司做销售，这家公司的产品之前的营销情况一直不容乐观，回款难是一个大难题。她听说这一情况后，抱着无论吃多少苦、碰多少壁都要追回欠账的决定，敲开了一家家公司的大门。

第二年，公司实现了盈利，销售情况开始向着好的方向发展。现金流充足了，订单也增多了，可以说，之所以达到了这样的良性循环，小茜功不可没。

可是就在这时候，小茜受到一些人的排挤，最后她被公司调到了一个冷僻的车间上班，让她管理一些小事——事实上，就是把她架空了。

最初，小茜很气愤，她依着好强的性格跟上级反映了很多次，认为这样对自己不公平。可是，没有人将她记挂在心上。

虽然当初她发挥了重要作用，但是公司已经步入正轨，就是现在不用她，也能够正常运转，公司领导自然也不愿意为了她得罪公司里的其他人。

她左思右想了好几天，慢慢地学会了让自己心情平和。她想，既然现状已经这样了，就要想办法找机会走出去，只有自己足够强大了，才能冲出这个牢笼。

于是，在闲下来的时候，她开始学习和公司对口的专业英语，她认为学了总会有用的。

当一个人没有力量的时候，学习也许是唯一能增加能量的方式。

小茜每天要求自己读一篇英文资料，那些深奥的专业用语，经常让她头疼，可是，她一个单词一个单词地背下来了。

三年后，公司接到的一个订单让专业翻译头疼，小茜正巧路过，看了一眼就脱口而出完成了翻译。她的表现让董事长很吃惊，于是问她是否愿意回到公司总部，协助他开展业务。

小茜拒绝了董事长的要求。

董事长觉得之前确实屈待了小茜，于是当着全体员工的面，向小茜表示致歉并且再次诚邀她留下。小茜终于又回到了以前工作的岗位，不同的是，她现在是董事长助理，让曾经的对手已经不敢再蔑视她了。

后来，董事长退休，推荐小茜来管理公司。

小茜不计前嫌，唯才是用，曾经和她作对的某部门经理的儿子因为才能出众被她委以重任，这让公司所有人对她心服口服。

听了小茜的故事，我心想，也许每一个人都有那么几年会坐冷板凳，即使没有，也要随时有这样的心理准备。只有坐得住冷板凳的人，才能厚积薄发，最后给世人一个绚丽的亮相。

9 再好的选择，没有坚持也是徒劳

岳云鹏是一个平凡的农村孩子，由于家里兄弟姐妹很多，从小没有穿过一件新衣服。有一次，因为没钱向学校缴纳学费，他很受打击，于是在十四岁的时候，他就辍学跟着姐姐去了北京打工。

这个年龄的很多孩子还在被父母娇惯着，可是岳云鹏想的却是早点摆脱贫困，为父母减轻负担。

在跟郭德纲学相声之前，岳云鹏像很多北漂一样，换了数不清的工作，受了数不清的委屈。第一份工作是在纺织厂打工，干了三个月就被辞退了，原因是他没有身份证，老板担心会被控诉“雇用童工”。

然后他又在石景山的一个厂子当保安，一个月有七八百的工资。后来他觉得当保安不是出路，不如学一门手艺，于是又去饭店打工。可是厨师没学成，却因为厨师的弟弟要来这里上班，就把他给无情地开除了。

之后他去了酒楼当保洁，酒楼老板有次喝多了去卫生间呕吐，弄脏了衣服，他没有先给老板擦衣服，而是先擦了自己被弄脏的衣服，老板指责他“没有眼力见儿”而开除了他。

岳云鹏是个孝顺的孩子，每个月一发工资就直接到邮局给父母寄去。他在饭店、工厂之间轮换着找工作，他还学过电焊工，却因为皮肤过敏而放弃了这个工作。

有一年，他经过老乡介绍，来到了一家比较高档的面馆当服务员。每天，他和小伙计孙云龙站在门口点头哈腰：“来了，您呐，几位？里边请——”

在这期间，他们两个遇到了郭德纲。当时郭德纲来这家面馆吃饭，看到他们很机灵，就有了收徒的心思。

十九岁那年，岳云鹏正式结束了在饭店打杂的生涯，跟着郭德纲学相声。那时候郭德纲远没有今天有名气，条件也不宽裕，每个月给岳云鹏等学徒只发一点生活费。但是，岳云鹏和孙云龙依然坚持了下来。

在艺术领域里，岳云鹏第一次发现自己还有说相声的天分。他喜欢舞台，喜欢观众的笑声，在这里，不用看别人的脸色，只要把人逗乐了就能开开心心地过一天。

当然，最初岳云鹏的基础差、底子薄，就连简单的相声贯口《报菜名》都不知道。由于还没有说相声的能力，郭德纲先让他在剧场干一些杂活。

岳云鹏的父亲不赞成儿子说相声，因为以前每个月岳云鹏都能给家里寄钱来，现在学了相声，就没有钱往家里寄了。而且，农村青年结婚，女方要的彩礼也很多，岳云鹏这么不务正业，不攒娶媳妇的钱，真是让父亲着急。

在父亲的反对下，岳云鹏也犹豫过。可是，他这一次没有像以前那样说走就走，而是经过了一番深思熟虑。

他觉得相声是自己喜欢的事业，既然已经走到了这门槛前，就不应该放弃。如果有一天，看到师兄们在舞台上说相声，自己在老家只有“老婆孩子热炕头”，那样的话他怕自己会后悔。

再说了，好不容易跟着著名相声演员郭德纲学艺，这个机会来之不易，是自己的缘分。而且，相声大师到了六十岁还是艺术家，可是当服务员到了一定的年龄哪儿也不会要了，所以还是相声事业长远。

主意一定，岳云鹏就成了九头牛拉不回的犟驴。他每天学习别人的表演，说学逗唱样样都去揣摩、领会。他仔细研究别人的视频资料，看别人怎么让观众发笑。为了练习普通话，他经常拿着报纸大声读。

经过一年多的训练，岳云鹏终于有了第一次在茶馆登台演出的机会。他非常紧张，说着说着就乱了，没有笑点。十五分钟的相声，他只说了三分钟就被人轰下了台。

他下台后就哭了。此后半年多，他没有再上台，郭德纲让他继续练习。

这次失败后，岳云鹏很害怕师傅开除自己。几个老演员也建议过劝退他，说他不是这块料。想起以前在酒店、工厂被开除的经历，他又沮丧又担心。

可是郭德纲很仗义，觉得这小伙子很厚道，也很勤奋，就鼓励他："你要努力啊，你坚持了，车房就离你近一天；不坚持下去，就远你两天。"

此后，岳云鹏更加努力了，就连父亲打电话让他回去结婚，他也说没时间。父亲说："你学相声几年了，能当饭吃吗？能娶媳妇吗？"

岳云鹏不想放弃事业，只好对弟弟说："你先结婚好吗？当哥求你了，我还想拼一把。"

2006 年，岳云鹏终于又一次上台演出。这一次他成功了，以后又和几个剧团演员演出了《八扇屏》《怯大鼓》《武训传》等作品，大受欢迎。

2009 年，岳云鹏终于正式成为郭德纲的弟子。2010 年，他走进了人民大会堂表演。这个时候，他的收入也丰厚了。

2013 年 7 月，在跟随德云社去欧洲巡演期间，他的父亲去世了，他强忍着悲痛说完了那场相声。台下的观众哈哈大笑，他回到宾馆，对着父亲的相片跪下了。

2014 年和 2015 年，他两次登上了春晚的舞台，给全国观众带来了笑声。

岳云鹏的成功就是坚持的结果。在德云社打杂期间，如果岳云鹏没有坚持下去，而是听父亲的话回老家结婚，今天他就只能作为观众在电视机前看别人的精彩表演了。

所以，坚持成就梦想。如果没有坚持，即使离你再近的梦想，也只会是幻想。

没有坚持，再好的选择也是枉然。